DOCUMENS

RELATIFS À

LA ROUTE ROYALE, N° 76,

DE TOURS A NEVERS,

PUBLIÉS

Par M. le Comte Jaubert,

Député du Cher.

PARIS,

IMPRIMERIE DE DECOURCHANT,

RUE D'ERFURTH, 1, PRÈS L'ABBAYE.

Avril 1846.

V

DOCUMENS

RELATIFS A LA ROUTE ROYALE, N° 76,

DE TOURS A NEVERS.

Documens

RELATIFS

A LA ROUTE ROYALE, N° 76,

DE TOURS A NEVERS,

PUBLIÉS

PAR M. LE COMTE JAUBERT,

Député du Cher.

PARIS,

IMPRIMERIE DE DECOURCHANT,

RUE D'ERFURTH, N° 1, PRÈS DE L'ABBAYE.

AVRIL 1833

A MONSIEUR

LE MINISTRE SECRÉTAIRE D'ÉTAT

DU COMMERCE ET DES TRAVAUX PUBLICS.

MONSIEUR LE MINISTRE,

Le 8 mars 1832, j'ai eu l'honneur d'adresser à votre prédécesseur une demande (1) tendant à ce qu'une décision définitive fût prise par l'administration des ponts-et-chaussées à l'égard du pont projeté au Guettin, pour le service de la future route royale de Tours à Nevers. « Le pont-route, » disais-je, serait accolé au pont-aquéduc dépen- » dant du canal latéral à la Loire, et serait assis » sur le même radier : il complèterait ce magni- » fique monument. » Je rappelais ensuite les votes émis par les deux conseils-généraux du Cher et de la Nièvre (2) au sujet de ce pont, la subvention promise par le gouvernement, et j'ajoutais : « Les

(1) *Voy*. note première, pag. 21.
(2) *Voy*. note deuxième, pag. 32.

» deux départemens attendent avec une extrême
» impatience la réalisation d'un projet destiné à
» vivifier leurs territoires respectifs. »

Mais comme le sort de la future route royale
entre Nérondes et Nevers était évidemment lié à
celui du pont, subsidiairement et dans le cas qui
paraissait alors plus que probable (1) où le pont
du Guettin serait abandonné, je proposais de changer la direction de la route de manière à utiliser
les deux lieues de route départementale déjà faites de la Loire à Nevers ; d'où résultaient, par cela
seul, un accourcissement notable de distance et
une économie de 200,000 francs.

En outre j'ai offert, soit dans la demande précitée, soit dans ma correspondance officielle avec
les autorités départementales, 1° de fournir gratuitement à l'État tous les terrains nécessaires à
l'établissement de la route entre Nérondes et la
Loire, c'est-à-dire sur 4 lieues d'étendue ; 2° d'a-
vancer, sauf remboursement par l'État en plusieurs années, la somme de 156,000 francs à laquelle était évaluée la confection de ces 4 lieues
de route.

Enfin, j'annonçais qu'une compagnie allait se
former pour la construction d'un pont suspendu
sur la Loire (2), destiné à desservir la route nouvelle.

---

(1) *Voy.* note troisième, pag. 40, et note cinquième, pag. 43.
(2) *Voy.* note quatrième, pag. 42.

Les choses dans cet état, monsieur le Ministre, votre prédécesseur ordonna une enquête (1).

. Les conseils municipaux de Bourges, de Nevers et de plusieurs points intermédiaires furent consultés. Malgré l'intérêt manifeste des deux villes à entrer le plus promptement possible en jouissance de la communication importante que mon projet leur assurait *dans l'année même*, leurs conseils municipaux, frappés d'une sorte d'aveuglement, se prononcèrent pour le *statu quo* : il en fut de même, à plus forte raison, des diverses communes intermédiaires que la nouvelle direction proposée aurait délaissées (2). Mais le conseil municipal de Nérondes, que sa position intermédiaire au point de départ des deux directions appelait naturellement au rôle d'arbitre en premier ressort dans ce débat, accueillit avec empressement mon projet et en fit ressortir les avantages pour tout le pays (3).

Depuis, le conseil-général de la Nièvre, dans sa session de 1832, énumérant les motifs de préférence qui militent en faveur de la direction de Givry, et « considérant que les objections faites » paraissaient être sous l'influence d'intérêts par- » ticuliers, » a émis, à l'unanimité, le vœu que mon projet fût adopté (4).

---

(1) *Voy.* note cinquième, pag. 43.
(2) *Voy.* note sixième, pag. 47.
(3) *Voy.* note septième, pag. 66.
(4) *Voy.* note huitième, pag. 68.

Le conseil-général du Cher, dans sa session de 1832, n'ayant pas été appelé à se prononcer sur cette question, s'est borné à en réclamer la solution administrative (1).

Cependant mon projet avait été attaqué avec violence; *les intérêts particuliers* signalés par le conseil-général de la Nièvre, et l'esprit de parti si ardent à saisir toutes les occasions de calomnier les hommes dévoués au bien public, s'étaient ligués contre moi (2). En présence des offres sans exemple que j'avais faites, de mes sacrifices hors de toute proportion avec l'intérêt personnel que je pouvais avoir à l'établissement de la route par Givry, on osa dénaturer mes intentions, me dénoncer à mes concitoyens comme ayant sacrifié le département, comme abusant de ma position de député en faveur de mes vues particulières. Ces calomnies ne trouvèrent que trop de crédit dans une portion du public, aujourd'hui bien désabusé. Justement indigné d'une pareille ingratitude, j'avais, dès le mois d'avril 1832, déclaré, dans un écrit distribué (3), que je n'étais plus dans l'intention d'avancer les 156,000 francs dont il est question ci-dessus, annonçant le désir de « de-» meurer étranger à la décision qui pourrait être » prise par l'administration. »

---

(1) *Voy.* note neuvième, pag. 69.
(2) *Voy.* note dixième, pag. 73.
(3) *Voy.* note onzième, pag. 79.

(9) .

Depuis, j'ai restreint encore à l'étendue des
7,625 mètres de route dont je suis propriétaire,
mon offre primitive de terrains, qui comprenait
d'abord la totalité des 4 lieues de Nérondes à la
Loire (1).

Au commencement d'avril 1832, MM. les préfets du Cher et de la Nièvre, accompagnés de
MM. les ingénieurs en chef des deux départemens,
de MM. les ingénieurs Jullien et Vauquelin, auteurs des deux projets de ponts, et des maires
des diverses communes intéressées, s'étaient trans-
portés sur les lieux et avaient visité attentivement
les deux lignes.

Le rapport de M. Mossé, ingénieur en chef de
la Nièvre, ne se fit pas attendre, et fut complètement favorable à mon projet (2). La question,
sous toutes ses faces, y est traitée à fond et avec
une clarté parfaite.

M. le préfet de la Nièvre partagea l'opinion de
M. Mossé.

M. l'ingénieur en chef du Cher fut moins prompt
à se conformer aux instructions de M. le directeur
des ponts-et-chaussées (3); son rapport ne fut
dressé qu'à la fin de novembre dernier (4). Ce

---

(1) *Voy.* lettre à M. l'ingénieur en chef du Cher, note
treizième, pag. 86.

(2) *Voy.* note douzième, pag. 82.

(3) *Voy.* note treizième, pag. 86.

(4) *Voy.* note quatorzième, pag. 88.

rapport, tout en confirmant comme l'autre, de point en point, l'exactitude des faits que j'avais avancés dans mon premier écrit sur l'accourcissement notable de la distance, l'économie de 200,000 fr., et les facilités pour la construction d'un pont à Givry, conclut cependant en faveur de la direction de la Guierche, à cause des droits acquis en vertu du décret du 16 décembre 1811.

M. le préfet du Cher rédigea des observations, mais ne prit aucune conclusion (1).

L'affaire, ayant ainsi dépassé les premiers degrés de son instruction, a été portée au conseil-général des ponts-et-chaussées. M. Fèvre, ingénieur-divisionnaire, en fut chargé, et, le 26 décembre dernier, il conclut à ce que la direction par la Guierche ne fût pas changée; mais il proposa en même temps que la route de Givry à Nérondes, vu son importance, fût classée sous le n° 76 *bis*, comme embranchement de la route royale de Nevers à Bourges.

Le conseil des ponts-et-chaussées ne pouvait guère admettre ce double emploi; par son avis du 15 janvier dernier (2), il adopta la première partie seulement des conclusions de M. Fèvre, « sauf aux départemens intéressés à provoquer le » classement comme route départementale de » l'embranchement traversant la Loire à Givry. »

---

(1) *Voy.* note quinzième, pag. 98.
(2) *Voy.* note seizième, pag. 99.

La question du pont de l'Allier fut ajournée.

Mais bientôt une lettre de la direction des ponts-et-chaussées invita le conseil à compléter sa délibération; et le 5 février (1) le conseil, après avoir écarté les deux systèmes de bac sur le canal, et de rails en fer sur les trottoirs de hallage qu'on avait proposé de substituer au pont-route, après avoir aussi et indéfiniment ajourné les questions administratives, résultant du rapport de M. Cormier, s'est renfermé dans la question d'art et a émis l'avis, « 1° qu'un pont-route, complètement » isolé du pont-aquéduc, fût construit sur l'ar- » rière-radier de ce dernier; 2° que ce pont ne » pouvait être construit en maçonnerie; 3° que » M. Jullien fût entendu sur le choix à faire entre » les autres systèmes de ponts. »

Cet habile ingénieur fut admis le 12 février dans le sein du conseil (2), et y soutint une discussion étendue sur les conditions toutes spéciales de construction auxquelles un pont quelconque est nécessairement soumis dans l'emplacement indiqué. Il n'insista point sur l'adoption du projet de pont en poutres et chaînes combinées qu'il avait proposé en 1831, et dont la dépense avait été évaluée par lui à 440,000 fr.

Le conseil des ponts-et-chaussées, préoccupé du danger des affouillemens auquel l'occupation

---

(1) *Voy.* note dix-septième, pag. 100.
(2) *Voy.* note dix-huitième, pag. 101.

de l'arrière-radier pourrait exposer le monument principal, « crut devoir ajourner encore toute » décision sur le système à adopter pour le pont- » route, et fut d'avis :

» D'inviter MM. les ingénieurs de la 1re divi- » sion du canal latéral à la Loire, à suivre et à » constater avec soin le progrès des affouillemens » qui pourront se former, lors des prochaines » crues de l'Allier, aux têtes du radier du pont- » canal ;

» D'inviter en même temps ces mêmes ingé- » nieurs à proposer pour l'établissement du pont- » route du Guettin le système de construction et » les dispositions qui, d'après le résultat de leurs » observations, leur paraîtront le mieux appro- » priés à cette localité, sous le double rapport » de la stabilité et de l'économie. »

L'établissement, désormais arrêté par le con- seil, d'un pont quelconque au Guettin entraînait nécessairement l'abandon de la portion de route projetée comprise sur la rive droite de la Loire, entre Nevers et le Bec-d'Allier, et dont le rapport de M. Mossé avait si vivement signalé les dangers et la dépense ; aussi le conseil fut-il d'avis « d'ou- » vrir cette partie de route sur la rive gauche de » la Loire. »

Il faut remarquer ici que la ligne de la rive gauche est de 7,827 mètres (1), conséquemment de

----

(1) *Voy.* note dix-neuvième, pag. 103.

772 mètres plus longue que celle de la rive droite.

Vous le voyez, Monsieur le Ministre, cette grande question du pont du Guettin, dont j'ai réclamé avec tant d'instances et depuis si long-temps la solution, n'a, pour ainsi dire, pas fait un seul pas. Le conseil-général des ponts-et-chaussées est toujours dans l'indécision où l'avait laissé le rapport de M. Cormier en 1831. Son dernier avis n'est encore qu'un interlocutoire qui nous renvoie à des expériences dont la durée est illimitée et le résultat incertain.

Tous ces retards font peser sur l'administration centrale une grande responsabilité. En effet, Monsieur le Ministre, si la construction du pont-route avait été décidée plus tôt, les fonds n'au-raient point manqué pour ce travail; car ils avaient été votés en très-grande partie par les conseils-généraux du Cher et de la Nièvre. Aujour-d'hui ces votes sont devenus illusoires, par suite des impositions extraordinaires dont la percep-tion va être incessamment autorisée par des lois spéciales, dans les deux départemens, soit pour le grand établissement d'artillerie de Bourges, soit pour les routes départementales. En second lieu, nous aurions pu profiter d'une subvention de 40 à 60,000 fr. qui nous avait déjà été as-surée sur le crédit de 18 millions mis à la dis-position de votre prédécesseur par la loi du 6 novembre 1831. Aujourd'hui ce crédit est épuisé.

Si, au contraire, la direction de Givry avait

été adoptée à temps, si mes premières offres avaient été acceptées, *la route de Givry à Néronnes serait actuellement terminée* et liée par un pont à la route de Nevers à Givry ; ce pont aurait été fondé dès l'année dernière ; les voitures y passeraient aujourd'hui, et, sauf les travaux peu coûteux à exécuter entre Nérondes et Bourges, cette dernière ville et Nevers seraient en pleine possession d'une communication directe, destinée à accroître la prospérité des deux départemens, et d'un haut intérêt général pour tout le royaume. Le doute n'est plus permis à cet égard.

Au lieu de seconder la bonne volonté des deux départemens et des particuliers, on a donc tout compromis ; on nous a empêchés d'agir ; on a dédaigné des offres considérables ; on n'a tenu non plus aucun compte de l'économie de 200,000 fr. proclamée par tous les ingénieurs. Aujourd'hui l'administration centrale reste à peu près seule pour réaliser la promesse solennelle, faite il y a vingt-deux ans, d'une communication directe entre Bourges et Nevers. Puisqu'elle montre tant d'égards pour les droits acquis à la ligne de la Guierche, en vertu du décret de 1811, elle ne voudra pas, sans doute, que ces droits restent encore pendant vingt-deux autres années complètement stériles pour cette localité comme pour les deux autres départemens, faute d'exécution de la route. Ce serait là, j'ose le dire, Monsieur le Ministre, une véritable dérision.

L'administration des ponts-et-chaussées, paraissant s'être définitivement arrêtée au projet de route par la Guierche, et d'un pont au Guettin, mon devoir, comme député du Cher, est de réclamer avec de nouvelles instances la prompte exécution de ce projet. J'y suis d'autant plus obligé que j'ai été plus calomnié à l'occasion du projet subsidiaire de Givry.

Je demande en conséquence :

1° Qu'un crédit de 40,000 fr. soit immédiatement ouvert à M. l'ingénieur Jullien, à l'effet d'exécuter les travaux préparatoires, et notamment pour élever, hors de l'eau, les piles du pont-route; ainsi, on profiterait encore des ateliers actuellement organisés : on ne serait plus à temps dans quelques mois.

Ces travaux préparatoires seraient une avance et un encouragement pour les compagnies qui, plus tard, pourront peut-être soumissionner le pont-route.

Subsidiairement, et dans le cas où le crédit ci-dessus ne pourrait pas être ouvert, je demande qu'une subvention de pareille somme soit accordée, au pont du Guettin, sur le fonds de 500,000 fr. affecté par le chapitre 15 du budget de 1833 du ministère du commerce et des travaux publics, aux *subventions aux compagnies pour travaux par voie de concessions de péages.*

Il y aurait alors urgence à ce que l'administration provoquât, par une adjudication publique, les offres d'une compagnie qui se chargerait d'exécuter le pont à ses risques et périls, dès que le système en serait invariablement arrêté.

2° Que le nouveau projet de pont soit demandé à M. Jullien et reçoive unprompte approbation.

M. Jullien a déjà ses idées arrêtées à cet égard et un travail préparé.

Il assure que l'objection des affouillemens y sera pleinement résolue, d'après les observations qu'il a faites dans le courant de l'hiver dernier.

3° Qu'une autre somme de 40,000 fr., à prendre sur le budget de l'exercice courant, soit ajoutée à l'allocation ordinaire du département du Cher, à l'effet de commencer, dès l'été prochain, la portion de la route royale n° 76, entre Nérondes et le Guettin.

Les plans sont prêts. Une réunion des propriétaires de cette ligne, imitant l'exemple que j'avais donné, s'est engagée à fournir gratuitement à l'Etat tous les terrains nécessaires (1) ; il est de toute justice d'entamer le travail de leur côté. Aucune offre semblable n'a été faite dans le département de la Nièvre.

Veuillez remarquer, Monsieur le Ministre, qu'en accédant à ces justes demandes vous ne ferez qu'exécuter une partie des promesses que, dès la fin de 1831 et avec le concours des deux députations du Cher et de la Nièvre, j'avais obtenues de votre prédécesseur.

(1) *Voy.* note vingtième, pag. 103.

Mais, du moins, vous mettrez un terme à l'anxiété où les retards de l'administration ont jeté les esprits dans ces deux départemens, et vous ranimerez l'espoir de leurs habitans d'obtenir enfin, de la sollicitude du Gouvernement, une communication à laquelle ils attachent une si haute importance.

Je suis avec respect, Monsieur le Ministre,

Votre très-humble et très-obéissant serviteur,

Cte JAUBERT,

Député du Cher.

Paris, 28 mars 1833.

RÉPONSE

DE M. LE MINISTRE DU COMMERCE ET DES TRAVAUX PUBLICS,

A M. LE COMTE JAUBERT,

Membre de la Chambre des Députés.

Paris, le 17 avril 1833.

Monsieur le Comte et cher collègue,

J'ai examiné les diverses demandes que vous m'avez fait l'honneur de m'adresser pour une allocation de fonds applicables tant à l'ouverture de la route royale, n° 76, de Nevers à Tours, entre

(18)

Nérondes et le Bec-d'Allier, qu'à l'établissement
d'un pont sur l'Allier.

D'après l'avis du conseil-général des ponts-et-
chaussées, j'ai reconnu qu'il y avait lieu de maintenir la direction de la route royale telle que l'a
fixé le décret du 16 décembre 1811, c'est-à-dire
par le Gravier. Le pont destiné au passage de
l'Allier doit dès-lors être placé au Guettin. Il paraît possible (1) de l'établir sur l'arrière-radier
du pont-aquéduc du canal latéral à la Loire.

L'administration n'est pas encore à même d'entreprendre la construction de la route dans le département du Cher (2). Vous connaissez l'insuffisance des ressources mises à sa disposition ; tant
qu'elles ne recevront pas un juste accroissement,
il sera bien difficile de subvenir à l'achèvement
de toutes les communications, même les plus
utiles (3). Toutefois, monsieur et cher collègue, je
ne perdrai pas de vue les observations que vous
m'avez adressées, et dès que je le pourrai, je m'em-
presserai d'allouer un premier crédit pour commencer la route de Tours à Nevers.

Quant au pont du Guettin, le projet en est soumis dans ce moment à une nouvelle étude (4);
j'espère que la question d'art sera sous peu de

____

(1) Voy. note vingt-unième, pag. 106.
(2) Voy. note vingt-deuxième, pag. 106.
(3) *Ibid.* vingt-troisième, pag. 106.
(4) *Ibid.* vingt-quatrième, pag. 107.

temps l'objet d'une décision définitive. Lorsque
je serai en mesure d'arrêter le cahier des charges
de l'entreprise, j'aurai soin d'y introduire une
clause qui accordera à l'adjudicataire éventuel
une subvention de 40,000 fr. (1). Sous ce rapport,
vos vœux seront satisfaits; je suis heureux de pouvoir vous en donner l'assurance.

Agréez, monsieur le Comte et cher collègue,
l'assurance de ma considération la plus distinguée.

Le ministre secrétaire d'État du commerce
et des travaux publics,

A. THIERS.

---

(1) *Voy.* note vingt-cinquième, pag. 107.

NOTES ET DÉVELOPPEMENS.

NOTE PREMIÈRE.

Copie de la demande adressée à M. le Ministre du commerce et des travaux publics, le 8 mars 1832.

Monsieur le Ministre,

Le projet d'un pont suspendu destiné à desservir la route royale, n° 76, de Tours à Nevers, a été présenté depuis fort long-temps au conseil des ponts-et-chaussées par M. Jullien, ingénieur chargé de la construction du grand pont-aquéduc du Guettin, dépendant du canal latéral à la Loire. Le pont route projeté serait accolé au pont-aquéduc et assis sur le même radier; il complèterait ce magnifique monument. Mais l'exiguité de l'emplacement dont on pourrait disposer est telle, que l'ingénieur a dû proposer un système nouveau sur lequel, si je suis bien informé, le conseil des ponts-et-chaussées hésite à se prononcer. Il n'a du moins, jusqu'à présent, donné qu'un avis interlocutoire.

Cependant, Monsieur le Ministre, il y a urgence à ce qu'une décision définitive soit rendue. D'une part, les conseils-généraux des départemens du Cher et de la Nièvre, pénétrés de l'importance de la nouvelle communication, ont, dans leur dernière session, voté, le premier une somme de 200,000 fr., le second une somme de 100,000 fr. pour la construction du pont; d'autre part, vous avez bien voulu, sur la demande des deux députations, accorder à ce travail une subvention de 40,000 fr. à prendre sur les fonds mis à votre disposition par la loi du 6 novembre dernier. Les deux départemens attendent avec une extrême impatience la réalisation d'un projet destiné à vivifier leurs territoires respectifs.

Dans le cas où le conseil des ponts-et-chaussées ne donnerait pas son assentiment au projet de M. Jullien, s'élèvera la question de savoir si les départemens doivent renoncer à cette précieuse communication, et s'ils ne peuvent l'obtenir au moyen d'un pont isolé dont l'emplacement serait à déterminer.

Or, dans cette hypothèse, la localité du Bec-d'Allier ne paraîtrait plus devoir être préférée. L'unique mais grand avantage
qu'elle présente aujourd'hui serait d'utiliser la portion libre
du radier du pont-aquéduc : ce radier est une sorte de rocher
artificiel qui dispenserait de faire des fondations nouvelles sur
un fond de sable dont l'épaisseur, aux abords du confluent de
l'Allier et de la Loire, n'est pas moindre de quinze mètres.
Toutes les difficultés qu'on a eues à surmonter pour la fonda-
tion du pont-aquéduc se renouvelleraient pour le pont-route
isolé, et les dépenses énormes qu'elles entraîneraient dépasse-
raient de beaucoup les ressources des deux départemens.

D'ailleurs, les intérêts de la navigation fluviale, la sûreté du
pont-aquéduc lui-même, qu'on s'est tant efforcé de préserver
du danger des affouillemens, s'opposeraient à ce que deux
ponts indépendans l'un de l'autre fussent très-rapprochés.

Si donc le pont-route ne pouvait ni être accolé au pont-
aquéduc, ni être construit à part dans son voisinage, soit en
amont, soit en aval, il est une autre localité peu éloignée qui
paraîtrait mériter de fixer l'attention de l'administration, sous
le double rapport des facilités qu'elle présente pour l'établissement du pont, et de l'économie considérable qu'elle procurerait à l'État dans la construction de la route royale, n° 76,
de Tours à Nevers. Cette localité est celle de Givry.

Des sondages faits récemment à Givry par M. Vauquelin,
ingénieur des ponts-et-chaussées, en résidence à la Charité, ne
donnent au plus que cinq à six mètres d'épaisseur de sable, au
lieu de quinze mètres qui existent au Bec-d'Allier. A Givry, au-
dessous du sable, est une roche vive.

Les abords du pont qui serait construit à Givry seraient
bien plus faciles que ceux du Guettin : sur la rive droite de la
Loire, le pied du coteau est baigné par les eaux du fleuve;
sur la rive gauche existe une levée exhaussée au-dessus du
niveau des hautes eaux de 1790.

De plus, il résulte de la comparaison des deux distances de
Nérondes à Nevers, l'une par le Guettin, l'autre par Givry

et Fourchambault, un accourcissement de route d'environ
4 kilom. en faveur de Givry. Mais à cette économie positive
s'en joignent deux autres beaucoup plus importantes.

La première consiste en ce que de Fourchambault à Nevers
il existe une route départementale entièrement achevée et
dans le meilleur état possible; tandis que du Guettin à Nevers, comme du Bec-d'Allier à Nevers, tout est à faire : or,
d'après la statistique des ponts-et-chaussées (1824, pages 348
et 349), la dépense de la route du Bec-d'Allier à Nevers, par
la rive droite de la Loire, est évaluée à la somme de 149,246 f.;
et par analogie, la dépense du Guettin à Nevers s'élèverait
à 216,464 fr.

En second lieu, la même statistique évalue à la somme de
241,984 fr. 80 c. les frais de construction de la partie de
route comprise entre Nérondes et le Bec-d'Allier, tandis que
si l'on suivait la direction de Givry, la dépense serait à peine
de moitié, et ce par trois raisons :

1° La moindre distance sus-indiquée ;

2° Les facilités qu'offre la contrée sous le rapport des matériaux et du relief des terrains;

3° Enfin, parce que je m'engagerais, personnellement, à livrer *gratuitement* au gouvernement tous les terrains nécessaires à la confection de cette partie de route (1). Je suis en mesure de réaliser en huit jours cet engagement. Son importance
ne saurait être méconnue par vous, Monsieur le Ministre, il
s'agit ici en effet de quatre lieues de route.

Si le projet de pont-route au Guettin est abandonné, tout
paraît donc se réunir en faveur de Givry, et pour que la route
royale n° 76 soit dirigée sur ce point, et pour que le pont,
qui est l'accessoire obligé de la route, y soit construit.

J'ose donc vous prier, Monsieur le Ministre, de vouloir bien
donner des ordres pour que :

---

(1) Le tracé de la route entière est achevé, moitié sur le terrain,
moitié sur le papier. **M.** Jaubert est propriétaire du tiers environ des
terrains, et il s'est assuré, pour le reste, du consentement par écrit
de tous les propriétaires, au moyen d'actes notariés ou sous seings privés.

1° L'administration des ponts-et-chaussées fasse connaître immédiatement sa décision à l'égard du Guettin;

2° Et pour que, dans le cas où cette décision serait contraire au projet de M. Jullien, l'administration donne son avis sur le changement de direction, par Givry, de la route royale, n° 76, de Tours à Nevers; sur la construction d'un pont suspendu à Givry, et sur la subvention qu'il serait possible au gouvernement d'accorder à ce pont.

Il est fort à désirer que ces préliminaires indispensables soient remplis promptement, et, dans tous les cas, avant la fin de la session actuelle des Chambres, afin que les conseils-généraux du Cher et de la Nièvre puissent être mis à portée de prendre, dans leur prochaine session, un parti définitif en faveur soit du Bec-d'Allier, soit de Givry, et que, s'il y a lieu, il puisse se former une compagnie pour compléter les fonds nécessaires à la construction du pont.

Je suis avec respect, etc.

Signé comte JAUBERT, *député du Cher.*

Paris, 8 mars 1832.

———

Mars 1832.

Aux insinuations malveillantes répandues avec affectation dans le public au sujet d'une affaire qui intéresse à un haut degré le département du Cher tout entier, le député de Saint-Amand se doit à lui-même, doit aux citoyens qu'il a l'honneur de représenter, de répondre par le simple exposé des faits.

Depuis vingt-cinq ans, la route royale, n° 76, de Tours à Nevers, est restée en projet, à cause de l'insuffisance du budget des ponts-et-chaussées, et surtout faute d'un pont pour franchir la Loire.

Lorsque la construction, au Guettin, d'un pont-aquéduc, dépendant du canal latéral à la Loire, fut résolue, les deux départemens du Cher et de la Nièvre conçurent l'espoir de profiter du radier de cet ouvrage pour y établir, à frais communs et avec une subvention du gouvernement, un pont-route destiné à desservir la route projetée.

Tout le pays sait la part extrêmement active que le député
de Saint-Amand a prise aux votes des deux conseils-généraux,
aux démarches tendant à en réaliser l'effet, et à obtenir du
gouvernement soit des allocations pour la route, soit une subvention de 40,000 fr. sur les fonds mis à la disposition du gouvernement par la loi du 6 novembre dernier.

Aujourd'hui, l'administration des ponts-et-chaussées, par des
raisons d'art dont elle est le meilleur juge, trouve, à la construction projetée du pont-route, les plus graves difficultés (1).

Le député de Saint-Amand a réclamé une décision définitive à cet égard; mais, prévoyant le cas où cette décision serait
défavorable, et où, par conséquent, l'exécution de la route serait encore ajournée indéfiniment, il a présenté un projet *éventuel*, par suite duquel serait changée la direction de la route
entre Nérondés et Nevers. Cette portion était la seule qui pré-
sentât des difficultés réelles : entre Bourges et Nérondes, la
route exigera peu de dépenses. Le nouveau projet présente des
avantages incontestables :

1° Moindre distance à parcourir;

2° Économie de plus de 200,000 fr. pour l'État;

3° Prompte confection de la lacune entre Nérondes et la
Loire. Un entrepreneur est en mesure de la compléter en une
campagne, dût le gouvernement répartir sur trois années les
fonds nécessaires.

Entre la Loire et Nevers, il existe une route départementale
excellente.

4° Facilités pour la construction d'un pont suspendu sur la
Loire, pour lequel une compagnie est sur le point de se former.

Si ce projet est adopté, les deux départemens du Cher et de
la Nièvre posséderont enfin, *avant deux ans,* une communication qui influera puissamment sur leur prospérité.

Il était évident que les localités qui se trouveraient privées

_____

(1) Rapport adressé, le 1er juillet 1831, au conseil-général des ponts-
et-chaussées, par M. Cormier, ingénieur-divisionnaire, chargé de l'inspection spéciale de la navigation de la Loire et du canal latéral à la
Loire, de Digoin à Briare.

de la route par suite du changement de direction proposé, élèveraient des plaintes.

Mais ici il s'agit de consulter l'intérêt général. Une enquête a été ordonnée sur les lieux ; les avis des deux préfets et des deux ingénieurs en chef du Cher et de la Nièvre ont été demandés ; le conseil des ponts-et-chaussées donnera le sien. Les conseils-généraux des deux départemens seront appelés à se prononcer relativement au pont.

Le député de Saint-Amand ne nie pas que, comme propriétaire, il ait intérêt à la direction nouvelle ; mais comme il s'est imposé dans cette affaire des sacrifices personnels qui ne s'élèveront pas à moins de 40,000 fr. (1), il ne voit pas pourquoi on lui interdirait de faire valoir les avantages palpables qui résulteraient pour l'État et le département de l'adoption de ce projet. (*Voir* le Tableau comparatif ci-après, et la Carte annexée au premier écrit.)

De plus, le député de Saint-Amand s'occupe, de concert avec M. le maire et les principaux habitans de Sancoins, des moyens d'ouvrir, de Charenton à Sancoins, la route royale, n° 151 *bis*, d'Angoulême à Nevers, par St.-Amand, et de la prolonger par la Guierche jusqu'à la Loire (*Voir* la Carte annexée au premier écrit) (2), soit comme route royale, soit comme route départe-

---

(1) La souscription de M. Jaubert, pour le pont de Givry, n'est pas comprise dans cette somme.

(2) M. Jaubert avait d'abord pensé à faire aboutir à Lobray le prolongement dont il s'agit, afin de profiter de la levée de la Loire qui s'étend entre Lobray et Givry. Mais la direction de Malenous (*Voy.* la carte placée à la fin de l'ouvrage) aurait réuni à l'avantage d'une distance moindre et d'une exécution plus facile, celui d'une notable économie. D'une part, les terrains situés entre le Gravier et Malenous sont, comme l'indique le premier de ces noms, formés d'un *gravier* infertile, mais sur lequel il suffit de tracer et de niveler une route pour qu'elle soit, en toute saison, excellente. D'autre part, entre Malenous et les Mahaults, le sol est plus argileux, mais les terrains auraient pu être livrés gratuitement au département, M. Jaubert étant devenu postérieurement, par l'acquisition du domaine de la Pajarderie, attenant à celui des Mahaults, propriétaire de la moitié de ces terrains ; l'autre moitié

mentale. Une souscription a été ouverte à l'effet d'acquérir et de livrer à l'État ou au département tous les terrains que les propriétaires ne consentiraient pas à céder gratuitement. Le député de Saint-Amand a souscrit pour 6,000 fr., quoique cette seconde route ne doive traverser aucune de ses propriétés. (*Voir* la Carte annexée au premier écrit). (1)

L'administration et le public jugeront si cette conduite a été ou non conforme à l'intérêt général.

(Paris, imprimerie de P. Dupont et Gaultier-Laguionie. Mars 1832.)

Lettre adressée à M. le maire de Sancoins.

Mars 1832.

Monsieur,

La proposition que vous m'avez faite d'entrer dans la souscription projetée pour la route d'Angoulême à Nevers, rentre complètement dans mes idées. Tous mes efforts tendent à procurer enfin à l'arrondissement et au département les deux importantes communications qui lui sont promises depuis si long-temps, savoir, cette route et celle de Tours à Nevers par Nérondes. La réalisation de ces routes dépend essentiellement de ce qui sera résolu très-prochainement à l'égard du passage de la Loire au moyen d'un pont nouveau, soit au Bec-d'Allier, soit à Givry. Cete affaire dont vous aurez sans doute déjà entendu parler, mais au sujet de laquelle je vous prie de ne porter un jugement qu'après que vous aurez reçu un écrit que je prépare en ce moment, cette affaire, dis-je, se traite, et aura, je l'espère, une issue heureuse pour notre pays.

---

appartient à un seul propriétaire, M. le comte de Maumigny, avec lequel M. Jaubert aurait conclu un arrangment.

(1) La pensée de M. Jaubert embrassait tout l'ensemble de la contrée, dont le percement aurait été complété au moyen d'un autre embranchement de Charly au Gravier, passant par Germigny et la Guierche, unissant ainsi la route départementale n° 5, à la route royale n° 76, et la ville de Dun-le-Roi à celle de Nevers (*Voy.* la carte placée à la fin de l'ouvrage). Cet embranchement, que le conseil-général du Cher aurait sans doute accordé comme une juste compensation du changement de direction de la route royale, aurait bien autrement vivifié la vallée de Germigny que ne pourra jamais le faire la route de Nérondes à la Guierche.

(28)

Pour me borner ici à la route d'Angouléme à Nevers, qui vous intéresse spécialement, je vous dirai que nous ne devons pas nous contenter de l'amener à Sancoins, qu'il faut encore la prolonger jusqu'au point où sera établi le pont aux environs de Nevers, puisqu'il n'y a pas et qu'il n'y aura probablement pas de long-temps de pont sur l'Allier à Mornay. Ce prolongement serait ou royal ou départemental seulement, peu importe; toujours faudrait-il, comme pour la portion comprise entre Charenton et Sancoins, se mettre en mesure de fournir gratuitement les terrains à l'État. A cet effet, la souscription embrasserait toute la ligne que je viens d'indiquer, et subviendrait à l'achat des terrains que les propriétaires ne voudraient pas livrer pour rien. Entre Sancoins et la Guierche, il n'y aura presque rien à acquérir; entre la Guierche et Lobray (1), lieu où on rejoindrait la levée de la Loire près du pont projeté, il n'y a guère que des bois appartenant en général à de grands propriétaires qui ne seront pas exigeans.

Ainsi comprise, cette souscription atteindrait directement le but d'intérêt général que nous nous proposons tous, mettre Saint-Amand en rapport avec la Loire et Nevers. Si cette idée, que je nourris depuis long-temps, obtient votre assentiment et celui des personnes avec lesquelles vous avez déjà conféré, je me joindrai à la souscription pour une somme de *six mille francs*, bien que le prolongement de route indiqué ne doive traverser aucune de mes propriétés. Mais je serai bien aise de contribuer ainsi, d'une part, à une entreprise si importante pour la ville de Sancoins, d'autre part, à dédommager la Guierche de la perte qu'elle éprouverait du changement de direction de la route de Tours à Nevers, si, comme tout me porte à l'espérer, le pont est construit à Givry.

Vous trouverez ci-inclus, Monsieur, mon engagement conditionnel pour 6,000 francs dont je vous prie d'être le dépositaire. J'y ai mis le terme de deux années, parce qu'il est plus que suffisant pour réaliser sinon la confection entière, du moins l'ouverture complète de la route, pour peu que nous soyons secondés par les propriétaires.

---

(1) *Voy.* pag. 26, note.

Lorsque vous aurez reçu l'écrit que je vous ai annoncé, veuillez soumettre mes observations et propositions à vos honorables voisins, et me faire connaître ce que vous aurez cru devoir résoudre.—Recevez, etc.   *Signé* Comte JAUBERT.

Copie de l'engagement.

Je soussigné, Hippolyte-François, comte Jaubert, domicilié à Cours-les-Barres, canton de la Guierche, département du Cher;

M'engage à entrer pour une somme de *six mille francs* (6,000 f.) dans une souscription ayant pour objet de livrer gratuitement, soit à l'État ou au département, tous les terrains nécessaires à la confection de la route entre Charenton et Lobray (1), sur la Loire, par Sancoins et le Gravier, et ce, dans le cas où la construction d'un pont sur la Loire aurait lieu entre Givry et Fourchambault.

Le présent engagement n'aura d'effet qu'autant que, d'ici à deux ans, la souscription sera parvenue à réunir, y compris la somme présentement promise, des fonds suffisans pour l'acquisition des terrains que les propriétaires ne consentiraient pas à livrer gratuitement.   *Signé* comte JAUBERT.

Autre lettre à M. le maire de Sancoins.

Paris, 28 mai 1832.

Monsieur,

Plus de deux mois se sont écoulés depuis que j'ai eu l'honneur de vous adresser, avec une lettre détaillée relativement à la route d'Angoulême à Nevers, un engagement qui, par son importance du moins, me paraissait mériter quelque attention. Le silence que vous avez gardé et que j'ai de la peine à m'expliquer, me prouve que les idées que j'avais recommandées à votre zèle pour l'intérêt public n'ont pas été appréciées ; je vous prie, en conséquence, de vouloir bien me renvoyer immédiatement l'engagement dont il s'agit et qui est désormais sans objet. Je désire que d'autres fassent mieux.

J'ai l'honneur, etc.   *Signé* Comte JAUBERT.

---

(1) *Voy.* pag. 26, note.

TABLEAU COMPARATIF DES

Nota. Les chiffres ci-après doivent être rectifiés d'après le tableau
On remarquera toutefois que les dif-

DISTANCE PAR LA GUIERCHE

ET LA RIVE GAUCHE DE LA LOIRE.		ET LA RIVE DROITE DE LA LOIRE.	
De Nérondes à l'extrémité du pont de la Guierche . . . 14,324 mèt. }		Comme ci-contre . . . 23,724 m	
De la chaussée de la Guierche au Guettin . . . 9,400 } 23,724 m		De la rive droite de la Loire à la campagne de M. Grégoire 3,974 m }	
Du pont-aquéduc à la halle de Nevers . . . 8,000		De là à l'embranchement de la route de Lyon . . . 605 } 4,579	
Total . . . 31,724		Total . . . 28,303	

DÉPENSE DE LA ROUTE :

1° De Nérondes au Guettin. — 1° De Nérondes au Bec-d'Allier.

	fr. c.		fr. c.
La dépense, y compris l'acquisition de terrains, est portée à . . .	242,984 80		
D'où il suit que le mètre courant de route reviendrait à 10 fr. 20 c.; mais on annonce qu'une partie des terrains est offerte gratuitement, et qu'une souscription de 30 mille francs couvrirait l'acquisition du reste . . .	Mémoire.	Idem . . .	Mémoire.
Supposant donc la largeur de la route de 12 mètres, et la valeur moyenne des terrains 30 c. le mètre carré, soit 2 fr. 40 c. le mètre courant, et 2,400 fr. l'hectare, l'offre faite par les propriétaires et souscripteurs équivaudrait à . . .	57,937 60		
Les frais de construction de la route seraient représentés par la différence . . . ci	185,047 20	Idem . . .	185,047 20
Soit 7 fr. 80 c. le mètre courant.			
Pont sur le canal du Berry, à la charge de l'administration de ce canal . . .	Mémoire.	Idem . . .	Mémoire.
Pont sur le canal latéral à la Loire, approximativement . . .	10,000		
à moins qu'on ne dirige la route, si cela est possible, sur l'un des ponts existans.		Idem . . .	10,000

2° Du pont-aquéduc au point où la levée de Sermoise traverse la route de Lyon. — 2° De la rive droite de la Loire à Nevers.

6,640 mètres, au prix ci-contre, de 32 fr. 60 c. le mètre courant . . .	216,464	Emplacement et achat de terrains . . . 66,746 }	
		Perrés et jetées de la route qui servirait de chemin de halage . . . 82,500 } 149,246	
		Soit 32 fr. 60 c. le mètre courant.	
		(Voyez *Statistique des routes roy.* (1824) p. 348-349.)	
Total . . . 401,511 20		Total . . . 344,293 20	

PONT POUR LEQUEL UNE SUBVENTION DE 40,000 FR.

Le devis de M. Jullien s'élevait à . . . 440,000 fr.
pour un Pont à double voie à établir sur le prolongement du radier des piles du pont-aquéduc, d'après un système nouveau de suspension nécessité par l'exiguïté de l'emplacement.

On peut supposer que s'il s'agissait de construire un pont suspendu isolé, même à simple voie, au Bec-d'Allier, il ne coûterait pas moins de 5 à 600,000 francs, attendu que la profondeur des sables de la rivière est de 15 mètres.

DIRECTIONS PROPOSÉES. *(Annexé au premier écrit de M. Jaubert, p. 21 à 27.)*

officiel placé en regard de la carte, à la fin de l'ouvrage.
férences restent à peu près les mêmes.

DISTANCE PAR GIVRY.

De Nérondes à Givry . . . 20,000 m

De Fourchambault à la halle de Nevers . . . 7,600

Total . . . 27,600

DÉPENSE DE LA ROUTE :

1° De Nérondes à Givry.

Tous les terrains seraient livrés à l'État gratuitement et immédiatement. . . . Mémoire.

La route est à moitié ouverte, en ligne droite, de la rivière d'Aubois à Givry ; l'empierrement et accessoires ne coûteraient guère plus de 5 à 6 fr. le mètre courant, à raison des terrassements déjà faits, des facilités qu'on aurait pour les matériaux ; mais pour éviter tout mécompte, on portera ici le mètre courant de route au même prix que sur l'autre direction, c'est-à-dire 7 fr. 80 cent.
Ci pour 20,000 mètres . . . 156,000 fr.

Pont sur le canal du Berry, expressément réservé dans l'acte de cession des terrains . . . Mémoire.

Pont sur le canal latéral de la Loire, également réservé et déjà exécuté . . . Mémoire.

2° De la rive droite de la Loire à Nevers.

Route départementale, dite de Nevers au pont de Givry, entièrement achevée et en bon état. . . . Mémoire.

Total . . . 156,000

AU MOINS EST PROMISE PAR LE GOUVERNEMENT.

La profondeur des sables de la Loire à Givry n'excédant pas 5 à 6 mètres, M. l'ingénieur Vauquelin évalue la dépense d'un pont suspendu à double voie dans la travée du milieu et à simple voie dans les autres travées, à . . . 385,000 }
Il ajoute à cette somme, pour accessoires, frais imprévus, etc. . . . 40,000 } 425,000 fr.

NOTE DEUXIÈME.

« Tout le pays sait la part extrêmement active que le député
» de Saint-Amand a prise aux votes des deux conseils-géné-
» raux, aux démarches tendant à en réaliser l'effet et à obte-
» nir du gouvernement soit des allocations pour la route, soit
» une subvention de 40,000 francs sur les fonds mis à la dis-
» position du gouvernement par la loi du 6 novembre 1831. »
(*Extrait du premier écrit de M. Jaubert, page 25, ci-dessus.*)

La délibération du conseil-général du Cher (Voyez le document A ci-annexé) avait été rédigée par M. Jaubert lui-
même.

C'est encore M. Jaubert qui avait suivi, avec MM. les en-
trepreneurs du pont-aquéduc, la négociation relative à la
construction du pont-route, et qui avait obtenu d'eux le consentement mentionné dans la délibération du conseil-général.

Enfin, de concert avec ses collègues les députés du Cher et
ceux de la Nièvre, M. Jaubert était parvenu, en novembre
1831, à obtenir du gouvernement la promesse d'une subvention de 40,000 francs pour les abords du pont, et de pareille
somme pour commencer dès 1832 les travaux de la route
royale. (Voyez le document B ci-annexé.) C'est par suite de
cette promesse et, entre autres conditions, sous celle d'une
subvention semblable de 40,000 francs d'année en année, jusqu'à l'achèvement de la portion de la route située dans la
Nièvre, que le conseil-général de ce département, dans sa session extraordinaire de 1831, avait voté, en faveur du pont du
Guettin, une somme de 100,000 francs, payable par cinquièmes
à partir de 1832.

A. *Extrait du procès-verbal des délibérations du conseil-général
du département du Cher (rédigé par M. Jaubert), session de
1830, séance du 15 mai 1831. — Pont du Bec-d'Allier.*

M. le rapporteur expose au conseil qu'un autre pont, celui
du Bec-d'Allier, ouvrirait sur un autre point du département

une communication d'une utilité peut-être encore plus grande.

À cet égard, il s'en réfère aux délibérations prises par le conseil en 1826, 1827 et 1828, ainsi qu'au vote de 180,000 fr. que sur ses cinq centimes extraordinaires le département avait, en 1828, attribués à ce pont. La Nièvre, à cette époque, avait voté une somme égale; et comme le devis montait à 540,000 f., le dernier tiers devait être à la charge des ponts-et-chaussées.

Cette circonstance a seule empêché la réalisation du projet. Mais aujourd'hui un entrepreneur très-solvable offre, pour 440,000 francs, de se charger de l'entreprise. En déduisant de cette somme 40,000 fr. pour les abords qui resteraient à la charge des ponts-et-chaussées, au moyen de 200,000 fr. votés par le Cher et d'une somme égale votée par la Nièvre, le pont pourrait être fait. On a lieu de penser que le conseil-général de la Nièvre ne se refusera pas à cette allocation.

Un court débat s'élève tant sur la quotité de la somme que sur les moyens de se la procurer. Cette dernière question est ajournée, et le conseil prend, à l'unanimité, la délibération suivante :

Le conseil, — Persistant plus que jamais dans les motifs prépondérans qui lui ont fait désirer depuis long-temps l'établissement d'un pont-route accolé au pont-canal du Bec-d'Allier, motifs déduits dans ses délibérations des 22 août 1826, 24 août 1827 et 13 septembre 1828 ;

Considérant que, frappé de l'importance de ce moyen de communication entre l'est et l'ouest de la France, et spécialement entre les deux départemens du Cher et de la Nièvre, il avait affecté à cet objet, dans sa session de 1827, une somme de 180,000 fr. formant le tiers de la dépense présumée (1), et à prendre sur le produit des 5 centimes extraordinaires votés pour six années dans ladite session ;

Que le conseil-général du département de la Nièvre avait voté une pareille somme de 180,000 fr. formant le second tiers.

---

(1) La totalité de cette première estimation du pont-route s'élevait à 540,000 francs.

3

de la dépense; mais que l'exécution du pont-route fut ajournée par suite du refus du gouvernement de fournir le troisième
tiers; d'où il suit que les fonds votés par le département du
Cher ont, pour le pont-route, été, en vertu de la délibération
de 1827 et de la loi du 15 avril 1829, reportés spécialement
sur les routes départementales; que cependant l'administration des ponts-et-chaussées, sentant la nécessité de l'établissement ultérieur du pont-route, avait eu la sage précaution de
donner aux radiers du pont-aquéduc une dimension telle qu'il
fût possible d'y asseoir à volonté, de deux en deux arches, les
piles d'un pont-route de construction légère ;

Considérant que, grâces aux allocations larges accordées par
cette administration, au zèle et à l'activité qui ont présidé à
l'exécution de ces travaux difficiles, les fondations du pont-
aquéduc sont presque achevées, et que les radiers seront
bientôt en état de recevoir les piles non-seulement d'un pont-
aquéduc, mais même celles d'un pont-route qui ainsi seraient
construites *à sec;* que dès-lors la plus grande des difficultés
que présente ordinairement la construction d'un pont se trouve
heureusement surmontée sans qu'il en ait rien coûté aux départemens, et que la dépense qui resterait à leur charge se
trouve considérablement diminuée;

Considérant que l'entrepreneur du pont-canal offre de se
charger de la construction du pont-route suspendu, à double
voie, en chaînes de fer et charpente, moyennant la somme totale de 440,000 fr. dont il ferait l'avance et qui lui serait rem-
boursée par tiers en trois années; que le devis qui a passé avec
les plans sous les yeux du conseil, quoique basé sur des éva-
luations de matériaux et prix bien certains et sanctionnés par
l'expérience des deux dernières années, peut être encore susceptible de quelque réduction par suite de l'examen qui en
sera fait par le conseil-général des ponts-et-chausssées appelé
à délibérer sur le projet;

Qu'aucune autre personne ne pourrait être en état de se
charger de ce travail à des conditions plus modérées que l'entrepreneur du pont-canal, qui, en faisant marcher de front
les deux entreprises, obtiendrait des économies sur les frais

généraux, et pourrait utiliser des matériaux que l'achèvement prochain du pont-canal laisserait sans emploi;

Considérant que le pont-canal devant être achevé en 1832, il y a urgence de prendre en considération les offres de l'entrepreneur;

Considérant que le conseil-général de la Nièvre a été appelé à renouveler dans sa session actuelle le vote qu'il avait émis en 1827, et que l'intérêt évident du département de la Nièvre dans cette affaire ne permet de douter du succès de la proposition;

Considérant toutefois qu'il y a lieu de croire que l'administration des ponts-et-chaussées, ayant égard aux sacrifices énormes que s'imposent les deux départemens, consentira à prendre à sa charge la confection des abords du pont-route; qu'en effet ces abords doivent être considérés moins comme une dépendance du pont-route que comme le prolongement des routes qui y aboutiront et le complément des digues du pont-canal;

Dans l'espoir, en outre, que l'entrepreneur du pont-canal, attendu l'exiguité des avances qu'exigeront les travaux de la campagne actuelle, déjà si avancée, consentira à ce que le terme de quatre années soit substitué à celui de trois années qu'il a demandé pour son remboursement;

Arrête : 1° une somme de 200,000 francs, payable par portions égales sur les quatre années 1832, 1833, 1834 et 1835, formera la portion contributive du département du Cher dans la confection d'un pont-route suspendu, accolé au pont-canal du Bec-d'Allier;

2° Le produit du péage à établir sur le pont-route sera partagé entre le département du Cher, d'une part, et le département de la Nièvre ou les particuliers et associations, d'autre part, qui fourniront le complément de la somme nécessaire à l'entier achèvement du pont-route, et ce, au prorata des portions contributives.

Pour extrait conforme : Le secrétaire-général de la préfecture du Cher,   *Signé* TURQUET.

B. *Nota.* Les deux lettres suivantes ont aussi été rédigées par M. Jaubert.

Paris,   novembre 1831.

A Monsieur le Préfet de la Nièvre.

Monsieur le Préfet,

L'objet spécial de la session des conseils-généraux, qui va s'ouvrir dans quelques jours, étant d'arrêter définitivement les projets d'utilité départementale, à l'exécution desquels le gouvernement doit contribuer en proportion des sacrifices que les localités s'imposeront, il importe au plus haut degré que les deux départemens que nous avons l'honneur de représenter profitent de cette occasion favorable, unique peut-être, et se concertent sur les travaux qui leur offrent un intérêt commun. C'est dans ce but, Monsieur le Préfet, que nous vous prions de soumettre au conseil-général de la Nièvre les réflexions suivantes, que nous avons mûrement délibérées.

Le pont du Bec-d'Allier, destiné à établir une communication facile entre les deux départemens, à multiplier leurs relations commerciales, et à leur procurer dans un avenir assez rapproché l'établissement de routes royales nouvelles, a déjà occupé à plusieurs reprises le conseil-général. Il faut reconnaître franchement que si les deux départemens ont un intérêt commun à ce pont, la proportion de cet intérêt n'est pas exactement la même pour l'un et pour l'autre. Ainsi, le pont du Bec-d'Allier doit procurer au Cher un plus grand développement de routes qu'à la Nièvre, et cet avantage n'est pas complètement compensé, pour la Nièvre, par celui qu'aura la ville et l'arrondissement de Nevers, en devenant le point où aboutiront les deux routes royales d'Angoulême à Nevers et de Tours à Nevers, destinées pourtant à acquérir une grande importance; mais la Nièvre trouverait, d'un autre côté, un allègement notable à ses charges actuelles, par suite du dé-

classement inévitable de la route départementale de Nevers à
Apremont, qui ferait double emploi avec la portion de route
royale de Nevers à Tours par le Bec-d'Allier. Pour achever de
compenser l'inégalité dont nous venons de parler, et pour mettre la Nièvre plus promptement en possession de cette dernière communication, qui n'est en effet, pour elle, qu'un
remplacement, il pourrait être convenu que les premiers fonds
qui seraient accordés par le gouvernement, sur la route de
Tours à Nevers, seraient employés de préférence sur le territoire de la Nièvre.

La dépense totale du pont a été évaluée à 440,000 fr., dont
40,000 fr. pour les abords. Le conseil-général du Cher, dans
sa dernière session, a voté la moitié des fonds nécessaires pour
le pont proprement dit, c'est-à-dire 200,000 fr. payables sur
les quatre années 1832, 1833, 1834 et 1835. Veuillez, Monsieur le Préfet, vous reporter à cette délibération, qui a dû
vous être transmise par Monsieur votre collègue du Cher, et
qui contient l'historique et le résumé de cette grande entreprise.

Le conseil-général de la Nièvre, qui, en 1826, avait voté en
faveur du pont une somme à peu près égale à celle que le
Cher s'imposait alors pour le même objet, appelé à en délibérer de nouveau au commencement de cette année, l'a pris
en sérieuse considération, et toutefois, dans l'incertitude où
il était sans doute sur les dispositions du conseil-général du
Cher, a ajourné son vote définitif. S'il réalise aujourd'hui ce
vote, l'exécution du pont est assurée; car nous avons la satis-
faction de vous annoncer qu'hier, la somme de 40,000 fr., nécessaire pour les abords du pont, nous a été assurée sur le fonds
des 18 millions par M. le ministre des travaux publics, et par
M. le directeur-général des ponts-et-chaussées.

De plus, le gouvernement, frappé de l'importance des sacrifices que nos départemens s'imposeraient et de la nécessité
de compléter l'un des plus beaux ouvrages d'art de la France,
en ouvrant les routes qu'il est destiné à lier entre elles, ne
manquera pas de nous assurer au moins la confection des deux

lieues de route qui séparent Nevers du Bec-d'Allier, et les deux
lieues du Bec-d'Allier à la Guierche, où se trouverait l'embranchement nouveau des deux routes d'Angoulême à Nevers, et
de Tours à Nevers (1). Cette dépense ne s'élèverait, d'après la
statistique des ponts-et-chaussées, qu'à 80,000 fr. sur chaque
département; en tout, 160,000 fr. En supposant que le gouvernement répartît cette somme sur les quatre années que les
deux départemens emploieront à payer les 400,000 fr. du
pont, le gouvernement consacrerait à la route 40,000 fr. par
an. Or, le ministre et le directeur-général des ponts-et-chaussées nous ont positivement promis ces 40,000 fr. pour 1832,
et nous ont donné les meilleures espérances pour une semblable
allocation dans les trois années suivantes : le principe du vote
annuel de l'impôt par les Chambres s'opposait à ce qu'ils pris-
sent un engagement formel à l'égard de ces trois années.

En résumé, Monsieur le Préfet, voici comment nous con-
cevrions le vote du conseil-général : 200,000 francs en faveur
du pont du Bec-d'Allier, et payables par quart sur les années
1832, 1833, 1834 et 1835, seraient accordés aux conditions
suivantes : 1° que la route départementale de Nevers à Apremont serait déclassée; 2° que les fonds promis par le gouvernement pour la route de Tours à Nevers seraient, au fur et à
mesure de leurs allocations, employés de préférence sur le
territoire de la Nièvre jusqu'à complet achèvement des deux
lieues de route qui séparent Nevers du Bec-d'Allier; 3° que
le péage à établir sur le pont serait partagé par moitié entre
la Nièvre et le Cher, ainsi que le propose la délibération précitée du conseil-général du Cher.

Nous vous prions de vouloir bien mettre notre lettre sous
les yeux du conseil-général de la Nièvre; nous venons d'en
adresser une dans le même sens à M. le Préfet du Cher.

Veuillez joindre vos efforts aux nôtres pour assurer le
succès des vues que nous venons de vous exposer dans l'intérêt
commun des deux départemens.

---

(1) *Voy.* pages 61, note 2, et pages 26, 27, notes.

Nous avons l'honneur d'être, avec une considération très-distinguée,

    Monsieur le Préfet,

    Vos très-humbles et très-obéissans serviteurs.

    Signé DEVAUX, GAÉTAN DE LA ROCHEFOUCAULD, DUVERGIER DE HAURANNE et comte JAUBERT, députés du Cher ; LAFOND, comte HECTOR D'AULNAY, BOIGUES et DUPIN aîné, députés de la Nièvre.

A Monsieur le Préfet du Cher.

                    Paris, novembre 1831.

    Monsieur le Préfet,

Nous venons d'adresser aujourd'hui, à M. le Préfet de la Nièvre, au sujet du pont du Bec-d'Allier, la lettre dont la copie est ci-dessous. Nous avons les plus fortes raisons d'espérer que le conseil-général de ce département prendra, dans sa prochaine session, une délibération conforme à notre proposition.

Pour compléter la négociation de cette affaire si importante, il nous reste actuellement à vous prier de mettre la copie dont il s'agit sous les yeux du conseil-général du Cher, et de solliciter de cette assemblée, dans la délibération qui réalisera les 200,000 francs votés dans la session dernière, une mention de l'emploi qui devra être fait par préférence sur les deux lieues de route de Nevers au Bec-d'Allier, des premiers fonds à fournir par le gouvernement, en faveur de la route de Tours à Nevers.

Nous avons l'honneur d'être, avec une considération très-distinguée, etc.

            (*Suivent les mêmes signatures.*)

NOTE TROISIÈME.

Le savant rapport de M. l'ingénieur divisionnaire Cormier, chargé de l'inspection spéciale de la navigation de la Loire et du canal latéral à la Loire de Digoin à Briare, rapport cité dans le premier écrit de M. Jaubert (*Voy.* page 25, note), exposait les graves difficultés de la question, et concluait à la construction d'un pont en pierre : ce système, contre lequel, dès l'origine, se sont élevées, de la part des hommes de l'art, les plus sérieuses objections, a été depuis et définitivement repoussé par le conseil des ponts-et-chaussées (séance du 5 février 1833, *Voy.* pag. 100.)

L'embarras où se trouvait à cet égard le conseil des ponts-et-chaussées ressort évidemment de l'avis dilatoire qu'il a consigné à la suite du rapport de M. Cormier. Voici le texte de cet avis :

19 juillet 1831.

« Le conseil-général des ponts-et-chaussées, considérant
» qu'avant d'autoriser la dépense d'un pont d'un vaste débou-
» ché, il convient de reconnaître si les routes qu'il doit des-
» servir sont exécutées :
    » Est d'avis d'inviter MM. les préfets du Cher et de la Niè-
» vre à faire connaître exactement la situation des routes
» royales ou départementales qui doivent aboutir au pont
» projeté, les dépenses, les ressources, etc. ;
    » Le conseil est d'avis, en outre, d'inviter les ingénieurs à
» examiner si le service du pont ne pourrait pas être remplacé,
» soit par le creusement de deux gares aux extrémités du pont-
» canal..., soit par l'établissement de rails en fer, placés sur
» les chemins de halage, et qui serviraient de voie à un cha-
» riot de dimension suffisante pour que les voitures puissent
» y entrer. »

Par le système des gares on aurait simplement substitué un bac sur le canal au bac actuel du Guettin ; le chemin de fer présentait tous les dangers, tous les inconvéniens d'un

pont-route superposé au canal. Ni l'un ni l'autre de ces systèmes n'ont pu soutenir l'examen approfondi qui en a été fait
par les ingénieurs.

Toutes les démarches ayant pour but la construction d'un
pont-route quelconque au Guettin avaient été concertées, dès
l'origine de l'affaire, entre M. Jaubert et M. l'ingénieur Jullien,
auteur du projet.

En février 1832, M. Jullien, alors à Paris, acquit lui-même
la certitude que M. le directeur-général et les membres du conseil-général des ponts-et-chaussées n'étaient point disposés à
adopter le projet, et pensa qu'il fallait désormais y renoncer.

Ce fut alors que M. Jaubert présenta le sien, pour ainsi dire
en désespoir de cause ; ce fut sur les notes mêmes, obligeam-
ment fournies par M. Jullien, que M. Jaubert exposa dans sa
demande les facilités que présenterait la construction d'un
pont suspendu à Givry.

(Note de M. l'ingénieur Jullien.)

Mars 1832.

Le pont de Fourchambault ne serait pas d'une construction plus coûteuse que celui qui avait été projeté au Guettin,
et qui devait être accolé au pont-aquéduc, par les raisons
suivantes :

1° Le radier sur lequel repose le pont-aquéduc est aujour-
d'hui complètement recouvert par les sables ; il faudrait, pour
établir les fondations du pont-route, le remettre à découvert
au moyen de fouilles et d'épuisemens que l'on aurait évités
l'année dernière ;

2° Le fond sur lequel serait établi le pont de Fourchambault est solide à une profondeur qu'il ne sera pas difficile
d'atteindre avec des pieux ; *sur l'Allier, le fond est un sable
de 45 pieds d'épaisseur*, qui ne rendrait les fondations d'un
pont facilement exécutables qu'autant qu'on utiliserait le radier
du pont-aquéduc ;

3° Les abords du pont de Fourchambault sont bien plus
faciles que ceux du pont de l'Allier. Sur la rive droite de la

(42)

Loire, le pied du coteau est baigné par les eaux du fleuve; sur la rive gauche, on a la levée de Givry, élevée au-dessus des hautes eaux;

4° Dans le pont de Fourchambault on sera complètement libre de donner aux piles les épaisseurs convenables pour de grandes travées, avantage que l'on n'a pas au Bec-d'Allier; enfin, on pourra ne mettre le pont de Fourchambault qu'à une voie avec des points de croisement.

NOTE QUATRIÈME.

Voici sur quelles bases la compagnie de Fourchambault se serait formée:

Un entrepreneur, d'un mérite éprouvé, offrait de se charger de la construction d'un pont suspendu, *à simple voie*, mais avec croisement au milieu pour les voitures, moyennant . . . . 300,000 fr.

L'entrepreneur était si convaincu des avantages que le pont procurerait aux actionnaires, qu'il entrait dans la compagnie pour un nombre d'actions équivalant à. . . . 50,000 f.

Le conseil général du Cher, qui avait voté pour le pont du Guettin 200,000 f., n'aurait sans doute pas hésité à contribuer à celui de Fourchambault dans la proportion de ce qu'il a fait en faveur du pont suspendu de Saint-Thibault-sous Sancerre, c'est-à-dire pour 80,000   *Somme égale.*

La subvention donnée par le gouvernement au pont de Saint-Thibault, qui ne dessert pourtant qu'une route départementale, a été de 60,000 fr.; la même subvention était d'autant plus assurée à celui de Givry, qu'il aurait fait partie d'une route royale, ci 60,000

MM. Jaubert et Boigues contribuaient pour. 60,000

Le reste 50,000

aurait été promptement couvert par les souscriptions des autres propriétaires principaux du pays, et, au besoin, aurait été fourni par MM. Jaubert et Boigues.

NOTE CINQUIÈME.

DIRECTION GÉNÉRALE DES PONTS-ET-CHAUSSÉES ET DES MINES.

A Monsieur le Préfet de la Nièvre.

Paris, le 13 mars 1832.

Monsieur le Préfet,

Le système proposé par M. l'ingénieur Jullien pour la construction d'un pont-route accolé au pont-canal du Bec-d'Allier donne lieu à des objections graves, et il ne paraît pas qu'on puisse l'imposer à celui qui prendrait l'engagement d'exécuter le pont à ses frais, sans faire peser sur l'administration une responsabilité qu'elle ne doit pas accepter. *Il y a donc nécessité de placer le pont sur un autre point* (1). D'après les offres que cette circonstance met dans le cas de faire à l'administration (2), l'établissement du pont et de la route se présente sous un aspect nouveau.

On m'annonce que dans votre département une route départementale est déjà construite entre Nevers et le port de Givry ; que M. le comte Jaubert offre de fournir gratuitement le terrain nécessaire pour la continuer sur le territoire du Cher, depuis le port de Givry jusqu'à Nérondes ; que si on adoptait cette direction pour la route royale, n° 76, de Nevers à Tours, au lieu de la faire passer par le Gravier et Cuffy, elle serait plus courte et coûterait moins à établir ; car, d'une part, on serait dispensé de construire la partie comprise entre Nevers et le Bec-d'Allier (3), laquelle doit, d'après le projet que

---

(1) M. Jaubert a-t-il eu tort de dire, pag. 6, qu'*alors l'abandon du pont du Guettin paraissait plus que probable?*

(2) Il est donc démontré que les efforts de M. Jaubert ont été la suite et non la cause de l'abandon du pont du Guettin. (*Voyez* aussi note troisième, page 41.)

(3) *Lisez* le Guettin et sur la rive droite de la Loire.

vous m'avez adressé tout récemment (1), exiger une dépense de 90,000 fr., non compris les indemnités du terrain ; et de l'autre, la route étant plus courte, traversant une localité où les matériaux abondent, dont le terrain est bien disposé, son exécution coûterait, à ce qu'on pense, moitié moins que sur la direction opposée, eu égard surtout à la promesse faite de fournir gratuitement le terrain dont on aurait besoin. Ces observations me paraissent de nature à faire préférer le tracé qui, de Nevers, se dirige sur Nérondes par Givry ; mais, avant de proposer de l'adopter, il est nécessaire d'entendre le conseil municipal de Nevers, afin de savoir s'il n'a pas d'objections à faire contre le projet. Je vous prie de le convoquer le plus tôt possible à cet effet, et de m'adresser ensuite sa délibération. Veuillez y joindre un rapport de M. l'ingénieur en chef, une carte qui indique les deux tracés, et votre avis particulier. J'invite M. le Préfet du Cher à consulter, de son côté, les conseils municipaux de Bourges, de Nérondes, du Gravier et de Cuffy.

Les conseils généraux du Cher et de la Nièvre ont voté, l'un 200,000 francs et l'autre 100,000 francs, pour subvenir aux frais de construction du pont suspendu, et ont demandé l'établissement à leur profit d'un droit de péage. Avant d'accepter ces offres, on doit s'assurer si on ne peut adjuger l'entreprise avec publicité et concurrence. Le gouvernement accordera une subvention de 40,000 fr. outre la concession du péage. Je vous prie, pour que je puisse m'occuper du cahier des charges, de m'adresser un rapport de M. l'ingénieur en chef qui renferme tous les renseignemens qui permettent de déterminer l'emplacement du pont, la longueur du débouché des eaux entre les culées, la largeur du passage entre les garde-corps, l'élévation du tablier au-dessus des hautes eaux, les pentes des abords, le rayon des courbes de raccordement de l'axe du pont avec les axes des portions de route qui viendraient y aboutir, enfin les dispositions à faire pour assurer le service de la navigation. Ce rapport doit être accompagné 1° d'un plan des

_____

(1) Rapport de M. Baumal, ingénieur ordinaire, en date du 15 février 1832.

lieux qui indique le point où le pont devra être établi et la direction des abords ; 2° d'un projet de tarif pour la perception
du péage. Avant de m'adresser ces pièces, il sera nécessaire de
les communiquer au conseil municipal de la commune où aboutit, sur la Loire, la route départementale, n° 10, de Nevers au
port de Givry, et de prendre son avis tant sur l'emplacement
du pont que sur le tarif du péage.

L'administration fournira en trois ans (1), et en moins de
temps même, s'il est possible, *les fonds nécessaires pour terminer
la route entre Givry et Nérondes;* elle fera ensuite construire
la partie entre Nérondes et Bourges. Cette promesse est d'un
grand intérêt pour ceux qui voudront concourir à l'adjudication de l'entreprise. Il sera très-important de la leur faire connaître.

Je vous prie de presser l'envoi des documens qui font l'objet
de la présente. Tout ce qui concerne le pont doit être traité
séparément de ce qui est relatif au changement de direction
de la route.

Agréez, etc.

Le conseiller d'état, etc.

Signé S. Bérard.

A Monsieur le Préfet du Cher.

Paris, le 13 mars 1832.

Monsieur le Préfet,

Le système proposé par M. l'ingénieur Jullien pour la construction d'un pont-route accolé au pont-canal du Bec-d'Allier donne lieu à des objections graves, et il ne paraît pas
qu'on puisse l'imposer à celui qui prendrait l'engagement d'exécuter le pont à ses frais, sans faire peser sur l'administration
une responsabilité qu'elle ne doit pas accepter. *Il y a donc nécessité d'établir le pont sur un autre point* (2). D'après les offres

____

(1) Évidemment, l'administration n'avait été amenée à faire une promesse aussi formelle, aussi avantageuse pour les deux départemens,
qu'en vue des offres de M. Jaubert et de l'économie de 200,000 fr. qui
aurait résulté de l'adoption de son projet.

(2) Même observation qu'à la lettre précédente, page 43, note.

que cette circonstance met dans le cas de faire à l'administration (1), l'établissement du pont et de la route se présente sous
un aspect nouveau.

On m'annonce que, dans le département de la Nièvre, une
route départementale est déjà construite entre Nevers et le
port de Givry; que M. le comte Jaubert prend l'engagement
de fournir gratuitement les terrains nécessaires pour la continuer sur le territoire de votre département, depuis le port
de Givry jusqu'à Nérondes ; que si on adoptait cette direction
pour la route royale, n° 76, de Nevers à Tours, au lieu de la
faire passer par le Gravier et Cuffy, elle serait plus courte et
surtout coûterait moins à établir ; car, d'une part, on serait
dispensé de construire la partie comprise entre Nevers et le
Bec–d'Allier(1), laquelle doit exiger une dépense de 90,000 fr.,
non compris les indemnités de terrain ; et, de l'autre, la route
étant plus courte, traversant une localité où les matériaux
abondent, dont le sol est bien disposé, son exécution coûterait,
à ce qu'on pense, moitié moins que sur la direction opposée,
eu égard surtout à la promesse faite de fournir gratuitement
les terrains dont on aurait besoin. Ces observations me paraissent de nature à faire préférer le tracé qui, de Nevers, se dirige
sur Nérondes par Givry; mais, avant de proposer de l'adopter,
il est nécessaire d'entendre les conseils municipaux de Bourges, Nérondes, et des communes dont dépendent le Gravier et
Cuffy, pour savoir s'ils n'ont pas d'objections à faire contre le
projet. Je vous prie de les convoquer le plus tôt possible à cet
effet, et de m'adresser ensuite leurs délibérations. Veuillez y
joindre un rapport de M. l'ingénieur en chef, une carte qui
indique les deux tracés, et votre avis particulier. J'invite M. le
Préfet de la Nièvre à consulter, de son côté, le conseil municipal de Nevers.

La production du rapport de M. l'ingénieur en chef, sur le
changement de direction de la route, ne le dispense pas de

---

(1) Même observation qu'à la lettre précédente, page 43, note 2ᵉ.
(2) *Lisez* le Guettin et sur la rive gauche de la Loire.

fournir celui que j'ai demandé, le 7 février, sur la dépense à
faire pour terminer la route actuelle, entre Nérondes et le Bec-
d'Allier.

Les conseils-généraux du Cher et de la Nièvre ont voté, l'un
200,000 francs et l'autre 100,000 francs, pour subvenir aux
frais de construction du pont, et ont demandé l'établissement
à leur profit d'un droit de péage. Avant d'accepter ces offres,
on doit s'assurer si on ne peut adjuger l'entreprise avec publicité et concurrence. Le gouvernement accordera une subvention de 40,000 francs outre la concession du péage. Je demande à M. le Préfet de la Nièvre les renseignemens dont j'ai
besoin pour préparer le cahier des charges. Veuillez m'adresser, de votre côté, ceux que vous croiriez devoir présenter,
quant au pont, en ce qui concerne votre département.

L'administration fournira en trois ans (1), et même en moins
de temps, s'il est possible, *les fonds nécessaires pour terminer
la route entre Givry et Nérondes ;* elle fera ensuite construire
la partie comprise entre Nérondes et Bourges. Cette assurance
est d'un grand intérêt pour ceux qui voudront concourir à
l'adjudication de l'entreprise, et je vous engage à lui donner
toute la publicité possible dans votre département.

Agréez, etc.

Le conseiller d'état, etc.

Signé S. BÉRARD.

NOTE SIXIÈME.

*Extrait du registre des délibérations du conseil municipal de la
ville de Bourges.* — *Séance du 7 avril 1832.*

Où étaient, M. Mayet-Genetry, maire ;

MM. Paul Seguin et Boucheron, adjoints ;

MM. Turquet père, Bertrand, Michel, Fabre, Trottier,
Thiot-Varenne, Auniet, Monestier, Planchat, Clavier, Chaze-
reau, Poisle-Desgranges, Cambournac, Royanez, Garsault,
Chénon et Rhodier, conseillers municipaux.

---

(1) Même observation qu'à la lettre précédente, page 45, note.

(48)

M. le maire rappelle au conseil qu'il est réuni pour entendre le rapport de la commission nommée dans la séance
du 31 mars, sur la question de savoir où il serait le plus convenable de faire passer la route projetée de Bourges à Nevers,
dans sa partie allant de Nérondes à Nevers.

Il annonce ensuite qu'il a reçu dans la journée deux pièces
relatives à l'affaire dont va s'occuper le conseil, et qu'il croit
devoir en faire donner lecture avant l'audition du rapport
de la commission.

En effet, M. le secrétaire donne lecture :

1° D'une lettre de M. le Préfet du département, en date de
ce jour, par laquelle ce magistrat demande qu'on soumette au
conseil un Mémoire adressé à M. le Ministre des travaux publics, à M. le directeur général des ponts-et-chaussées, etc.,
par plusieurs habitans des communes de la Guierche, de Cuffy,
d'Apremont, du Chautay, de Germigny, de Veraux, de la
Chapelle-Hugon et d'Ignol; ledit Mémoire sans date, ayant
d'ailleurs été imprimé et distribué avant la séance de MM. les
conseillers municipaux;

2° De ce même Mémoire;

3° De la copie d'une lettre adressée par M. Jaubert à M. le
Préfet du Cher, sous la date du 5 du courant; cette copie
adressée à M. le maire par M. Jaubert (1).

Après cette lecture, l'un des membres du conseil demande
la parole pour rectifier un fait inexact énoncé dans ce Mémoire. Il affirme qu'il n'existe pas de chemin de Nevers au
Bec-d'Allier, comme le disent les auteurs du Mémoire, et qu'il
atteste au contraire avoir vu les devis de ce chemin qui en
élèvent la dépense à environ 80,000 fr. (2)

Le conseil, ayant jugé inutile de lire les autres délibérations
des diverses communes intéressées à la question d'emplace-

---

(1) Cette lettre contenait mention de l'offre d'une avance de 156,000f.
pour la confection immédiate des 4 lieues de route entre Nérondes et la
Loire.

(2) Ces devis s'élevaient non pas à 80,000 f., mais à 120,000 f., p. 83.

ment du chemin projeté de Bourges à Nevers, ainsi que des
autres pièces relatives à cette affaire, attendu que ces pièces
ont déjà passé sous ses yeux et seront analysées dans le rapport de la commission nommée par le conseil, M. Fabre,
l'un des membres de cette commission, a fait lecture du rapport qu'il s'était chargé de faire concurremment avec les deux
membres du conseil nommés dans la dernière séance.

Ce rapport est de la teneur suivante :

« Messieurs, conformément à la lettre de M. le directeur
» général des ponts-et-chaussées du 13 mars dernier, concer-
» nant un changement de direction proposé dans la portion de
» la route n° 76 de Tours à Nevers, par Bourges, qui se trouve
» entre Nérondes et Nevers, vous avez été appelés à donner
» votre avis sur la direction depuis long-temps arrêtée, par
» les communes de la Guierche et Cuffy, et la direction nou-
» vellement proposée par Givry, commune de Cours-les-
» Barres.

» Votre commission croit devoir vous donner une analyse
» succincte des pièces jointes à la lettre précitée, et vous faire
» part des observations que leur examen lui a suggérées.

» La première de ces pièces est une demande de M. Jaubert
» à M. le Ministre des travaux publics, tendante à ce que, le
» projet du *pont-route* accolé au *pont-aquéduc* du Guettin pa-
» raissant abandonné, on construise un pont sur la Loire, au
» port de Givry, auquel viendraient aboutir les routes n° 76
» de Tours à Nevers et 151 (bis) d'Angoulême à Nevers par le
» Châtelet, Saint-Amand et Sancoins, au lieu d'aboutir au Bec-
» d'Allier, ainsi qu'il avait été arrêté depuis long-temps (1).

» Pour appuyer cette demande, on établit, 1° qu'il y a une
» économie de distance de 4,000 mètres (2); 2° qu'il y a une
» route départementale de Nevers à Fourchambault, usine si-

---

(1) *Voy.* pag. 21 et 26, 27, notes.

(2) Cette économie de distance, en faveur de la ligne de Givry, résulte de la comparaison de cette ligne avec celle du Guettin. (*Voyez*
pages 30 et 31.)

» tuée sur la rive droite de la Loire, vis-à-vis Givry. 3° On
» fait offre gratuite des terrains que la route traverserait de
» Néroudes à Givry. 4° On donne l'espoir de pouvoir faire
» terminer promptement *comme route départementale* si elle
» ne peut l'être *comme route royale*, la portion de route d'An-
» goulême à Nevers, qui se trouve entre Saint-Amand et le
» port de Givry ; on offre pour cela un don de 6,000 f. 5° En-
» fin, on présente une grande économie sur les dépenses par
» l'adoption de la direction par Givry, au lieu de celle par la
» Guierche et Cuffy ; mais cette économie est combattue par
» le conseil municipal de la Guierche et par un tableau de
» frais présenté par M. de Montsaulnin (1).

» Quant à la dépense de construction sur l'une ou l'autre
» direction, il est hors de notre compétence de pouvoir l'éta-
» blir. Ce ne sont que les devis et études des lieux faits par
» MM. les ingénieurs qui peuvent prononcer sur les tableaux
» de frais présentés par MM. Jaubert et de Montsaulnin (2).

» Quant à l'économie sur la distance par Givry, votre com-
» mission a reconnu qu'elle serait à peine de 1000 mètres ; si
» on établit le pont au-dessous du Bec-d'Allier, vis-à-vis le
» chemin ferré servant de chemin de halage sur la rive droite
» de la Loire depuis Nevers jusque vis-à-vis le village du
» Bec-d'Allier, ainsi que le réclament les habitans de la Guier-
» che et de Cuffy (3), que cette différence pourrait encore être
» atténuée par des redressemens possibles sur cette direction.
» D'ailleurs, cette économie n'en serait réellement pas une
» pour l'État ou le département lorsqu'il s'agirait de terminer
» la route de Saint-Amand à Nevers par Sancoins, la Guierche
» et Givry, ainsi que le propose M. Jaubert, puisqu'il faudrait
» à cette route un prolongement d'au moins 7,000 mèt., pour
» les faire aboutir au pont de Givry, au lieu du Bec-d'Allier.»

» Quant à l'offre de l'abandon gratuit des terrains sur la di-

---

(1) *Voy.* les réponses aux *observations*, pages 73 et suiv.

(2) *Voy.* les rapports des ingénieurs, pages 82 et 88.

(3) L'économie de distance, dans cette hypothèse, est encore de
1800 mèt. au moins. *Voy.* les rapports des ingénieurs, pages 82 et 88.

» rection de Givry, elle se trouve contrebalancée, ainsi que la
» lecture des procès-verbaux de délibération des conseils mu-
» nicipaux de la Guierche, Cuffy, et de la pétition des proprié-
» taires et habitans du Bec-d'Allier, le prouvent, par une offre
» semblable que l'on y fait (1), afin d'obtenir la confection de
» la route qui avait même été promise depuis long-temps sans
» cette condition.

» Nous avons aussi pris communication de la délibération du
» conseil municipal de Nérondes dont une grande majorité de
» membres n'a pas trouvé d'objection à faire contre le projet
» de changement de direction, attendu, y est-il dit, les offres
» avantageuses que fait M. Jaubert, la distance plus courte et
» les considérations présentées par M. le directeur-général
» des ponts-et-chaussées dans sa lettre précitée.

» Ce conseil paraît cependant reconnaître les avantages de
» la direction primitivement arrêtée qui aurait vivifié les ri-
» ches vallées de Germigny ; mais il établit entre ces contrées
» et celles que traverserait la route par Givry, une parité de
» qualités que les personnes qui connaissent les localités ne
» peuvent admettre. Relativement aux usines, nous en voyons
» à la Guierche même, ou à peu de distance de cette petite
» ville, quatre importantes qui sont *Grossouvre*, *Salles*, *la*
» *Guierche* et *le Chautay*, tandis que la plupart des usines dont
» parle la délibération ci-dessus se trouvent plus éloignées
» de la route par Givry, que celles que nous venons d'in-
» diquer ne se trouveraient éloignées de la route par la
» Guierche (2).

» Toutes ces considérations, tous ces débats d'intérêt par-
» ticulier contre des intérêts de localités, ne peuvent avoir

---

(1) Cette offre n'était pas faite lorsque M. Jaubert a présenté les
siennes.

(2) Erreur de fait. La ligne de Givry passe immédiatement devant la
porte des usines de Torteron et de Feularde. Le fourneau de Salles,
celui du Chautay, les forges du Fournay et d'Aubigny en sont aussi
très-rapprochés.

» une influence directe sur la solution de la question que vous
» devez naturellement vous faire : Quel est l'intérêt qu'a la
» ville de Bourges à la conservation de l'ancienne direction
» par les communes de la Guierche et Cuffy ou à la confection
» de la route proposée par Givry ?

» Votre commission pense unanimement, 1° qu'il est dans
» l'intérêt de notre commune d'avoir des communications fa-
» ciles (1) avec les riches contrées et les établissemens sur la
» route ou près de la route anciennement arrêtée et depuis
» long-temps attendue de Bourges à Nevers, par Nérondes, la
» Guierche et le Bec-d'Allier, commune de Cuffy ; 2° que cette
» route facilitera à une population de plus de 5,000 âmes les
» moyens de nous faire participer aux riches produits du sol
» qu'elle exploite ; 3° que sur cette direction se trouvant la
» petite ville de la Guierche, chef-lieu de canton et commune
» dont la population est de près de 1400 âmes, les voyageurs
» et le roulage trouveront des ressources et des secours qui
» leur manqueraient sur la direction proposée par Givry, puis-
» que celle-ci ne passe dans aucun chef-lieu, et que les terri-
» toires des communes que cette route traverserait n'offrent
» qu'une population éparse de 12 à 1400 âmes, de grandes
» masses de bois, et un sol bien moins riche que celui des
» communes de Tendron, Ignol et Germigny (2) ;

» 4° Qu'en considérant la chose sous le point de vue de l'in-
» térêt général du département, on voit que les cantons du *sud*,
» que doit traverser la route d'Angoulême à Nevers, ont un
» grand intérêt à ce que le pont soit plutôt construit sur l'an-
» cienne direction qu'à Givry, puisqu'ils auront près de deux
» lieues de moins à faire (3). On voit aussi que l'une ou l'autre

---

(1) Il fallait ajouter : et le plus promptement possible ; le projet de
M. Jaubert en fournissait seul les moyens.

(2) La réponse à ces assertions est encore dans les rapports des ingénieurs, les observations du préfet du Cher, etc., pages 82, 88 et 98, et
même dans la délibération du conseil municipal de Nevers, page 56.

(3) La différence, mesurée aussi exactement que possible sur les meil-

» direction n'intéresse nullement ceux du *nord*. Quant aux can-
» tons du *centre*, ils ont le même intérêt que Bourges à la con-
» servation de l'ancienne direction. D'ailleurs, y eût-il plus de
» dépense à faire (ce qui n'est pas prouvé), cette considération
» ne devrait pas l'emporter plus dans cette circonstance que
» dans bien d'autres où on a vu abandonner avec raison l'idée
» de quelques économies sur de grandes routes, afin d'établir
» des communications faciles entre des populations agglomé-
» rées et de riches contrées.

    » D'après toutes ces considérations, votre commission a l'hon-
» neur de vous proposer, dans le cas où le pont-route accolé
» au pont–aquéduc ne pourrait être exécuté, de demander que
» la route et le pont soient établis sur l'ancienne direction par
» la Guierche et le Bec-d'Allier, et de prier l'administration
» d'apporter à leur confection la même célérité (1) qu'elle se
» disposait (d'après la lettre de M. le directeur-général) à ap-
» porter à l'exécution du projet par le port de Givry. Nous
» devons espérer que l'administration, ayant reconnu l'urgence
» d'une route de Bourges à Nevers, nous accordera ce bienfait
» depuis si long-temps promis, comblera les vœux et satisfera
» aux besoins de populations dont les communications sont tou-
» jours longues, difficiles et le plus souvent impraticables (2). »

    Le rapport terminé, plusieurs membres ayant pris succes-

---

leures cartes, n'est que de *une demi-lieue*. D'ailleurs, la construction du
pont de Givry, plus éloigné que celui du Guettin du port de Mornay,
sur l'Allier, assurait, dans un avenir peu éloigné, l'établissement d'un
pont à Mornay, pour le service de la route royale *d'Angoulême à Nevers*,
qui y aboutit. En attendant, il eût été facile d'exécuter par la Guierche
un prolongement de cette route, de Sancoins vers le pont de Givry.
C'est pour contribuer à ce prolongement que M. Jaubert avait offert
au maire de Sancoins une somme de 6,000 fr. *Voy.* note première,
pages 29, et 26, 27, notes.

    (1) Trouvait-elle sur l'ancienne ligne les mêmes facilités et une avance
de 156,000 francs?

    (2) Le département soupire depuis bien des années après cette route ;
M. Jaubert la lui procurait *dans une campagne* : on ne l'a pas voulu.

sivement la parole pour faire des observations sur la question importante soumise à sa délibération, M. le maire résume la discussion et ajoute qu'il lui semble que le conseil doit décider : 1° quelle est la direction la plus avantageuse pour Bourges à donner à la route projetée; 2° dans le cas où la direction la plus avantageuse ne pourrait pas être admise par un motif quelconque, s'il ne faudrait pas, dans l'intérêt de la ville, adopter une autre direction, pour obtenir la communication plus facile et plus courte de Bourges à Nevers.

Sur quoi, le conseil :

Considérant que le rapport de la commission ne peut laisser d'incertitude sur le plus grand avantage qu'il y aurait de diriger (1) la route projetée de Nérondes à Nevers, en passant par la Guierche et le Bec-d'Allier, et que le conseil ne peut qu'adopter les motifs exprimés en ce rapport;

Considérant que s'il y avait impossibilité de suivre cette direction, il est incontestable qu'il vaudrait encore mieux adopter le projet présenté par M. Jaubert, de faire passer la route par Givry, afin d'assurer à la ville de Bourges une communication importante avec Nevers; mais que rien ne démontre l'impossibilité (2) d'exécuter le projet primitif du gouvernement, de diriger la route par la Guierche et le Bec-d'Allier; que ce ne serait qu'autant que cette impossibilité serait définitivement établie, qu'on pourrait délibérer sur le changement de direction proposé par M. Jaubert;

Par ces motifs, le conseil est d'avis que la meilleure direction et la plus avantageuse pour la ville de Bourges serait celle qui a été adoptée par l'administration des ponts-et-chaussées, et qui passerait par la Guierche et le Bec-d'Allier.

Pour expédition conforme. Le maire de Bourges,

PLANCHAT, adjoint.

---

(1) Le conseil municipal de Bourges tranche la question sans hésiter.

(2) Assurément il n'y aurait aucune impossibilité, si l'on avait assez d'argent.

Extrait du registre des délibérations du conseil municipal de la ville de Nevers.— Séance du 6 avril 1832.

La séance est ouverte par M. le maire, président. Tous les membres sont présens, à l'exception de MM. Commoy, Pellecier, Devertpré et de Maupas.

L'ordre du jour amène la discussion sur la question de savoir si le pont qu'il est question de construire pour les communications des deux départemens de la Nièvre et du Cher, doit être placé à Givry ou au Bec-d'Allier.

M. le maire, rapporteur de la commission qui a été chargée de l'examen de cette question, expose :

La commisssion que vous avez nommée dans votre séance du......, à l'effet d'examiner, d'après la lettre de M. le préfet, si le conseil n'aurait pas d'objection à faire contre l'établissement d'un pont à Givry, après s'être entourée de toutes les lumières qu'elle a pu réunir en appelant dans son sein des négocians habitués à fréquenter les contrées que traversent les routes projetées, a décidé à l'unanimité que le rapport à ce sujet vous serait présenté dans la forme suivante :

« La commission reconnaît en principe qu'une communication quelconque, établie promptement entre la ville de Nevers et le département du Cher, ne peut présenter que des avantages à la ville, et conséquemment elle ne trouve aucune objection à faire contre l'établissement d'un pont à Givry, qui établirait des relations faciles avec des contrées fertiles en production de céréales.

» Mais elle croit devoir observer que si le choix de l'emplacement était soumis à ses délibérations, elle préférerait de beaucoup, pour les avantages de la ville, le pont placé au Bec-d'Allier. Elle trouverait dans cette communication l'avantage d'établir des relations avec des contrées populeuses et extrêmement fertiles en toutes sortes de produits, surtout en fourrages.

» Elle aurait encore l'avantage d'augmenter d'une route ses moyens de communication avec le Berry. »

Contre les conclusions du rapport, il est objecté que le pont doit être placé de préférence à Givry, parce que la route établie sur cette direction traversera une contrée aussi fertile et aussi populeuse que celle que traverserait la route passant par le Bec-d'Allier; qu'en effet on rencontre, entre Givry et Nérondes, la grosse ferme du *Lieu*, le village de Patinges, le gros hameau de la Mole, la commune de Cours-les-Barres, celle de Menetou-Couture, Fontmorigny, Aubigny-sur-Aubois, le Fourneau-de-Torteron, le Fournay, Jouet, la terre de Feularde; que ces localités abondent plus en produits de céréales que le Bec-d'Allier et la Guierche, pays boisé et peu fertile, que le Gravier, qui fournit seulement du seigle, que Germigny et Château-Renard, pays de fourrages et non de grains; que d'ailleurs l'avantage d'une route faite depuis Nevers jusqu'à Fourchambault, et de terrains concédés gratuitement depuis Givry jusqu'à Nérondes, déterminerait la prompte exécution d'un pont, tandis que, sur l'autre point, cette exécution serait arrêtée par de nombreux obstacles, et les deux départemens privés pendant un temps indéfini de l'importante voie de communication qui leur manque.

Mais le conseil,

Considérant que M. le préfet, en demandant s'il n'y a pas d'objection à faire contre le projet de placer un pont au port de Givry pour ouvrir la communication du Cher et de la Nièvre, n'a pas interdit à l'administration municipale de Nevers de rechercher s'il n'est pas plus avantageux pour la cité que cette communication s'établisse sur un autre point;

Considérant qu'un projet dès long-temps arrêté par l'administration et respecté jusqu'à ce jour, faisait passer par le Bec-d'Allier la route de Nevers à Bourges;

Qu'il importe à la ville de Nevers que ce projet soit maintenu, parce que, placée à l'extrémité du département de la Nièvre, c'est surtout du département du Cher, dont la Loire et une courte distance la séparent, qu'elle tire la plus grande partie des denrées nécessaires à son alimentation, et qu'elle a intérêt à ce que le pont projeté la mette en communication avec le pays qui a le plus de produits, le moins de débouchés ;

Que la contrée qui se trouve entre le Bec-d'Allier et Né-rondes est assurément la plus fertile en céréales, ainsi que l'attestent les renseignemens fournis à la commission par des personnes qui se livrent au commerce des grains ; que cette contrée abonde également en fourrages ;

Que, pour l'écoulement de ces divers produits, elle manque de débouchés, et qu'un pont placé au Bec-d'Allier les amène-rait à Nevers ;

Que ce qui démontre encore l'excellence de ce pays sur celui que traverserait la route de Givry à Nérondes, c'est, d'une part, le chiffre de sa population, celui de la ferme du bac du Bec-d'Allier, comparé avec celui de la ferme du bac de Givry ;

Qu'enfin la route tracée dans la direction du Bec-d'Allier à Nérondes ouvrirait à la ville de Nevers une communication utile avec Sancoins, Saint-Amand, et autres localités dont les routes pourraient venir s'embrancher avec celle-ci ;

Considérant que la route qui passerait par Givry ne présen-terait pas ces avantages ;

Qu'il n'est pas exact de dire que l'exécution en serait plus prompte et plus certaine, parce qu'elle serait beaucoup plus économique ;

Qu'*à la vérité la route est faite depuis Nevers jusqu'à Four-chambault ;* mais que la confection de la route depuis Nevers jusqu'au Bec-d'Allier serait loin d'entraîner les énormes dé-penses qui ont été signalées, puisqu'il suffirait d'élargir et d'é-lever sur quelques points celle qui existe actuellement, et que des réparations récentes ont mise en bon état (1) ;

Que, depuis le Bec-d'Allier jusqu'à Nérondes, les terrains nécessaires à l'établissement de la route seront mis à la dispo-sition du gouvernement d'autant plus facilement que, dans la plus grande étendue, la route est ouverte, tracée et livrée à la circulation (2) ;

---

(1) Il en aurait coûté 120,000 fr. *Voy,* rapport de M. Mossé, pag. 83.
(2) Cette assertion est entièrement inexacte.

Que l'établissement du pont au Bec-d'Allier est loin d'offrir des difficultés qui dussent faire préférer la position de Givry; que des sondages récens ne font pas connaître la présence d'un ensablement plus considérable qu'à Givry, et que le lit de la rivière est dans cet endroit d'une moins grande étendue; qu'enfin, pour la route et pour le pont, les matériaux se trouveront plus près et à meilleur marché en adoptant cette direction;

Est d'avis, à l'unanimité moins deux voix,

Que le pont destiné à établir la communication la plus immédiate entre le département de la Nièvre et celui du Cher, doit être placé au Bec-d'Allier plutôt qu'à Givry.

Fait et délibéré à Nevers, les jour, mois et an que dessus.

Signé au registre : DESVEAUX, WAGNIEN, COMMOY, AVRIL, THOMAS, JACQUINOT fils, GILLOT père, GIRERD, MERLE, LEMOINE, GUYON, DEMONCORPS, SAUL, BOULÉ, SALLONNYER, MERIJOT-COUDEREAU, SENELLE, TIBORD, LYONS, ARLOING, ROUBEL, MANUEL.

Pour extrait conforme. Le maire de Nevers,

Signé DESVAUX.

Extrait du registre des délibérations du conseil municipal de la commune de la Guierche (Cher) pour 1832.

Aujourd'hui 25 mars 1832, MM......., membres du conseil municipal de la commune de la Guierche, convoqués extraordinairement en vertu de l'autorisation de M. le préfet, en date du 16 courant, et réunis sous la présidence de M. Jean-Pierre Boyn-Bussy, maire, ont ouvert la séance par l'élection de leur secrétaire, et ont nommé à l'unanimité le sieur Deprais pour remplir cette fonction qu'il a acceptée. Le conseil ainsi constitué, le président donne lecture de la lettre de M. le préfet du Cher, et d'une copie de la lettre de M. le directeur-général de l'administration des ponts-et-chaussées et des mines, relative à la proposition de M. le comte Jaubert, sur le changement de la direction actuelle de la route royale de Tours à Nevers, en faveur de Givry.

Le conseil municipal, après avoir exprimé son étonnement sur la nature de la proposition qui lui est soumise, et déploré la concurrence fâcheuse qui vient de s'établir contre la direction actuelle de la route royale n° 76, décrétée en 1811, commencée à la Guierche en 1811, et qui faisait l'objet des plus belles espérances du pays, examine les diverses objections présentées par M. Jaubert en faveur de son projet, pour entraîner la décision du conseil d'administration des ponts-et-chaussées :

Sur la question d'art, le conseil municipal regrette que le système de M. Jullien, qui paraît présenter tant de chances de succès, soit sur le point d'être abandonné par suite des objections graves qui se sont élevées, et que l'administration hésite à lui donner la sanction de l'expérience.

Mais, dans le cas où il y aurait nécessité reconnue d'établir un pont isolé sur un autre point, les membres du conseil indiquent une localité qui présenterait des avantages immenses. Cette localité est celle du Bec-d'Allier, sur la Loire, au-dessous du confluent où le fleuve coule sur un rocher fourni par les coteaux riverains. Ce point serait le plus favorable à la construction *par actions* (1) sous le rapport du droit de péage, quatre fois plus fort qu'à Givry, que son rapprochement du pont de la Charité priverait d'un grand nombre de passagers (2).

L'économie considérable de 250,000 fr. que présenterait le tracé de Givry est loin d'être démontrée, et peut être contestée par des considérations puissantes.

1° Le chiffre de 92,515 fr., pour les 18,303 mètres de route de Nérondes à Givry, paraît beaucoup trop faible, et mérite d'être vérifié par M. l'ingénieur en chef (3).

2° Les abords du pont au Bec-d'Allier seraient aussi faciles qu'à Givry.

---

(1) Nous ne tarderons pas à savoir si cette assertion est exacte.
(2) *Voy.* la réponse, pages 83, 84 et 94.
(3) *Idem*, page 96.

3° Quant à la différence des distances de Givry ou du Bec-d'Allier à Nérondes, les calculs de M. Jaubert sont inexacts, attendu qu'il ne connaissait pas encore la direction de la nouvelle ligne, qui est droite de Nérondes au Bec-d'Allier, et, par cette raison, plus courte que l'ancienne ligne qui a servi de base aux calculs de M. Jaubert. D'ailleurs, les distances comparées des deux ports de Givry et du Bec-d'Allier à Nevers offrent une différence de 2,721 mètres en faveur du Bec-d'Allier, d'après M. Jaubert lui-même; et cette différence serait encore augmentée et portée à plus de 3 kilomètres en passant sur la rive droite de la Loire (1).

4° La route de Nevers au Bec-d'Allier, par la rive droite de la Loire, est plane, droite, nouvellement réparée et en bon état: la route royale s'y établirait à peu de frais, et son entretien serait facile, tous les matériaux étant sur place. La route de Fourchambault, au contraire, est tortueuse, d'un tiers plus longue, et son abord, à Nevers, sera difficile et dispendieux (2).

5° La nature et le relief des terrains traversés par la route de Nérondes au Bec-d'Allier seraient plus favorables qu'à Givry : là, les matériaux abondans sur place ou peu éloignés ; le roc du Bec-d'Allier, les sables du Gravier, les carrières du Chautay, du Jay, de Gramus et du coteau d'Ignol, offrent encore plus de facilités pour la construction de la route, que la contrée dont parle M. Jaubert, entrecoupée de collines et ravins.

6° Les propriétaires de la riche contrée que parcourt le tracé actuel, offrent, sans indemnités et de suite, tous les terrains nécessaires à la route : sacrifice immense en comparaison de celui de M. Jaubert (3)

---

(1) *Voy.* la réponse, pages 88 et 89.

(2) Les rapports des ingénieurs (pages 82 et suiv.) et la notoriété publique contredisent de la manière la plus formelle les faits avancés par le conseil municipal de la Guierche. La vérité est, tout au contraire, que la route départementale de Fourchambault est aussi belle, aussi sûre et aussi bien entretenue que le chemin du Bec-d'Allier est mauvais et périlleux. Il y a long-temps, d'ailleurs, que les abords de Nevers, du côté de Fourchambault, sont achevés.

(3) Pourquoi le mérite serait-il plus grand d'un côté que de l'autre ?

7° Les ponts sur le canal du Berry et le canal latéral à la Loire sont dus par l'administration de ces canaux : dans la direction actuelle, la route passe sur les deux ponts. Sur l'Aubois, il existe à la Guierche un pont sur lequel la route doit passer, tandis que, par Givry, la traversée sur l'Aubois exigera plusieurs ponts et une levée considérable (1).

8° Enfin, la route d'Angoulême à Nevers, par Sancoins, s'embranchant, à la Guierche, à la route de Tours, éviterait, pour plus tard, la dépense énorme d'un prolongement de route de trois lieues, qui dévorerait l'économie présentée par le nouveau projet, et augmenterait de deux lieues la distance d'Angoulême à Nevers (2).

Vient maintenant la question d'intérêt général que M. le comte Jaubert n'a pas osé aborder (3). Cette question, toute vitale, est jugée depuis long-temps en faveur du Bec-d'Allier. Dans cette direction, la route vivifierait, en les traversant, Cuffy, le Gravier, la Guierche et la belle vallée de Germigny, la plus riche et la plus fertile du département ; elle répandrait ses bienfaits sur sept communes (Apremont, Neuvy-le-Barrois, la Chapelle-Hugon, Veraux, Germigny, Ignol et le Chautay) agglomérées autour de la Guierche (chef-lieu de canton) ; elle servirait notablement les intérêts des cantons de Sancoins, de

La valeur des terrains sur la direction de Givry est aussi grande que sur la ligne de la Guierche.

(1) M. l'ingénieur en chef évalue la traversée de la vallée de l'Aubois à 20,000 fr. sur la ligne de la Guierche comme sur celle de Givry. — *Voy.* pages 95 et 96.

(2) La route royale, n° 151 *bis*, d'Angoulême à Nevers, aboutit au port de Mornay et non à la Guierche ; M. Jaubert avait eu, à la vérité, l'idée de demander un embranchement soit royal, soit départemental, sur la Guierche, qui aurait été la conséquence presque infaillible de l'exécution du projet de M. Jaubert. Il est probable, au contraire, que la lenteur avec laquelle s'exécutera la route de la Guierche ajournera pour long-temps cet embranchement.

(3) Il est évident, au contraire, que M. Jaubert n'a jamais cessé d'envisager la question sous le point de vue de l'intérêt général : il n'y a pas vu une localité isolée, mais deux départemens. *Voy.* aussi pag. 85 les observations judicieuses de M. Mossé sur l'intérêt spécial de la Guierche.

Nérondes et de l'arrondissement de Saint-Amand presque tout entier. La ville de Nevers y trouverait une ressource féconde pour l'activité de son commerce et de son industrie, et pour ses approvisionnemens de tous genres qui abondent dans cette belle contrée du Cher.

La route par Givry ne traverserait qu'un désert presque stérile (1) et coupé de monticules. A l'exception des fourneaux de Feularde et de Torteron, elle n'offrirait que de médiocres avantages à trois ou quatre communes très-minimes, qui continueraient, comme par le passé, de porter leurs produits agricoles à la ville de La Charité, dont elles ne sont éloignées que de trois lieues.

Le conseil municipal, d'après toutes ces considérations, repousse le projet présenté par M. Jaubert, comme onéreux à l'État (2) et nuisible aux intérêts généraux, et vote, à l'unanimité, la conservation de la direction actuelle de la route royale de Tours à Nevers, par Nérondes, la Guierche et le Bec-d'Allier. Il a la ferme assurance que le gouvernement de juillet, gouvernement de justice et de vérité, protégera son vote en faveur de l'ancienne direction, qui mérite d'être préférée par quatre raisons principales :

1° L'importance du pays et l'intérêt général ;

2° L'embranchement avantageux de la route d'Angoulême à la Guierche ;

3° Le produit considérable du droit de péage ;

4° L'approbation générale qu'elle a toujours reçue, comparée aux vives réclamations et aux graves objections que fait naître le projet de M. Jaubert.

Ainsi délibéré, sous la présidence de M. le maire, par MM. les

---

(1) *Voy.* la réponse, page 90 et suiv., et page 67.

Feularde, Torteron, le val de la Mole et Givry, Fourchambault, un désert presque stérile ! ! !

(2) C'est au contraire l'autre projet qu'on peut qualifier d'onéreux à l'État ; celui de M. Jaubert présente une économie incontestable de 200,000 fr. au moins. (*Voy.* pag. 82 et 97.)

membres du conseil municipal soussignés, en mairie de la Guierche, les jour, mois et an que dessus.

   Signé au registre : PHILIPPE, MASSÉ (Louis), GRÉGOIRE,
  FOURNIER, LEHARD, TACHARD, PROVOST, GASTÉ,
  MASSÉ–BAUDREUILL, PHILIPPE (Charles), BERGER,
  DEPRAIS et BOYN–BUSSY, maire, les sieurs Mallet et
  Reveux ayant déclaré ne savoir signer.

  Pour copie conforme.

En mairie de la Guierche, le 28 mars 1832.

     Signé BOYN–BUSSY, *maire.*

*Extrait du registre des délibérations du conseil municipal de la
commune de Cuffy.*

L'an 1832, le 28 mars, le conseil municipal de la commune
de Cuffy, canton de la Guierche, arrondissement de Saint-
Amand, département du Cher, où étaient les sieurs....., convo-
qué extraordinairement en vertu de l'autorisation de M. le
préfet, en date du 16 mars, à l'effet de délibérer sur la demande faite par M. le comte Jaubert, du changement de direction de la route royale, n° 76, de Tours à Nevers.

Le conseil municipal, après avoir pris connaissance de la
lettre de M. le directeur-général des ponts-et-chaussées, et
des raisons données par M. le comte Jaubert en faveur du
changement de direction de la route royale, n° 76, de Tours à
Nevers, a facilement reconnu que l'intérêt particulier pouvait
seul le diriger dans cette demande (1).

Si l'on abandonnait la direction du Bec-d'Allier, on priverait de la route les pays les plus riches de l'arrondissement de
Saint-Amand, qui attendent avec impatience ce débouché di-

---

(1) Le conseil municipal de Cuffy ne dit pas un mot des offres de
M. Jaubert : elles valaient pourtant bien la peine qu'on en parlât. Le
conseil-général de la Nièvre a pensé au contraire, à l'unanimité, que le
projet de M. Jaubert n'était combattu que *par des intérêts particuliers.*
Voy. pag. 69. Au reste, voyez, dans la lettre à M. Égault, page 87, à
quoi se réduit l'avantage que M. Jaubert aurait retiré personnellement
de l'établissement de la route par Givry.

rect à leurs nombreux produits; tandis qu'à Givry le rapprochement du pont de La Charité rendrait cette communication
peu importante pour les communes qui l'avoisinent.

Quoique le conseil municipal ne pense pas qu'on soit aussi
disposé que le dit M. Jaubert à abandonner le beau projet de
M. Jullien, approuvé par un grand nombre d'ingénieurs (1),
il regarde comme extraordinaire que l'on abandonne la localité
du Bec-d'Allier, qui présenterait bien plus d'avantage que Givry pour la construction d'un pont sur la Loire. M. le comte
Jaubert a confondu le Bec-d'Allier avec le Guettin, lieu où est
établi le pont-aqueduc sur l'Allier, à 1 kilomètre du village du
Bec-d'Allier, quand il dit que la profondeur du sable au Bec-
d'Allier n'est pas moindre de 15 mètres, car les sondages n'ont
été faits qu'au Guettin et pas au Bec-d'Allier.

La Loire, au Bec-d'Allier, est moins large (2); la profondeur
du sable n'est pas plus considérable qu'à Givry. Sur la rive
droite de la Loire, le pied du coteau est baigné par les eaux
du fleuve; sur la rive gauche, il existe une levée exhaussée au-
dessus du niveau des plus grandes eaux. La route qui conduit
à Nevers est aussi bonne, plus courte et d'un entretien moins
coûteux que celle de Fourchambault (3), attendu que tous les
matériaux sont auprès; le péage rapporterait quatre fois plus
qu'à Givry, attendu que cette direction est celle de la partie la
plus populeuse et la plus riche de l'arrondissement de St.-Amand.
Une autre puissante considération qui n'échappera point à
l'administration, c'est l'abandon que font les propriétaires de
tous les terrains nécessaires à la confection de la route du Bec-
d'Allier à Nérondes; en outre, une souscription déjà considé-

(1) Le conseil municipal de Cuffy ne pouvait savoir où en était le
projet de M. Jullien mieux que le conseil-général des ponts-et-chaussées, que le directeur-général, que les ingénieurs et M. Jullien lui-même.
Voy. pag. 41.

(2) C'est tout le contraire : 720 mèt. au Bec-d'Allier, 516 seulement
à Givry. *Voy.* pag. 88 et 89, et le Tableau comparatif placé à la fin de
l'ouvrage.

(3) *Voy.* le rapport de M. Mossé, pag. 82 et 83.

rable attestera que les propriétaires ne mériteraient pas une pareille injustice.

La route par Givry traverse un pays peu fertile, en partie couvert de bois, ne représentant que quelques habitations isolées (1) : Givry, lui-même, n'est qu'un petit village sans commerce, de cinq à six maisons.

Au contraire, la route par le Bec-d'Allier vivifierait les riches vallées de Germigny, auxquelles il ne manque que cette communication pour devenir une des contrées les plus fertiles de France. La ville de la Guierche (2), qu'elle traverserait, deviendrait un des endroits les plus considérables de l'arrondissement de Saint-Amand, et le Bec-d'Allier lui-même, si heureusement placé à la jonction de la Loire et de l'Allier, qui s'agrandit d'une manière si rapide, verrait, par cette circonstance, s'accroître sa population déjà nombreuse, et son commerce prendre un nouvel essor.

Par ces motifs, le conseil, considérant que l'intérêt général doit l'emporter sur l'intérêt particulier ; que, d'ailleurs, le nouveau projet de M. Jaubert ne peut pas présenter d'économie (3), et a l'inconvénient de priver de débouchés des pays riches qui sont encombrés de leurs produits : déclare, à l'unanimité, qu'il tient à ce que la route royale n° 76 conserve son ancienne direction par la Guierche et le Bec-d'Allier.

Fait et arrêté les jour, mois et an que dessus ; et ont signé avec nous au registre : Bariaud-Chatillon, Blanchet, Boutroux, Dubois, Bariaud-Léonard, Roty, Mahaud, Durand, Méchin ; les sieurs Mahaud (Jean) et Virot (Léonard) ont déclaré ne savoir signer.

Pour copie conforme. Certifié par nous soussigné, maire de la commune de Cuffy, le 29 mars 1832.

Signé V. de Baudreuille.

---

(1) Même réponse qu'à la délibération de la Guierche. (*Voy.* pag. 62 notes.

(2) *Voy.* pag. 75, note 1re.

(3) L'économie est de 200,000 fr. (*Voy.* pag. 97.)

NOTE SEPTIÈME.

Extrait du registre des délibérations du conseil municipal de Nérondes. — Séance du 25 mars 1832.

Passant à l'objet de la convocation de ce jour, M. le maire en a fait l'exposé au conseil, notamment en lui donnant lecture et communication d'une lettre de M. le directeur de l'administration des ponts-et-chaussées, par lui adressée, le 13 mars courant, à M. le préfet du Cher, et de la lettre de M. le préfet, ci-dessus datée, invitant M. le maire à donner connaissance de la première;

Le conseil, vu les lettres ci-dessus énoncées, desquelles il résulte, 1° que le système proposé par M. Jullien, ingénieur, pour la construction d'un pont-route accolé au pont-canal du Bec-d'Allier, donne lieu à des objections graves, et qu'il ne paraît pas qu'on puisse l'imposer à celui qui prendrait l'engagement d'exécuter le pont à ses frais, sans faire peser sur l'administration une responsabilité qu'elle ne doit pas accepter;

2° Qu'il y a nécessité d'établir le pont sur un autre point;

3° Que l'on a annoncé à M. le directeur des ponts-et-chaussées, que dans le département de la Nièvre une route départementale est déjà construite entre Nevers et le port de Givry; que M. le comte Jaubert prend l'engagement de fournir gratuitement les terrains nécessaires pour la continuer sur le territoire du département du Cher, depuis le port de Givry jusqu'à Nérondes;

4° Que si on adoptait cette direction pour la route royale, n° 76, de Tours à Nevers, au lieu de la faire passer par le Gravier et Cuffy, elle serait plus courte et coûterait moins à établir; car, d'une part, on serait dispensé de construire la partie comprise entre Nevers et le Bec-d'Allier (1), laquelle doit exiger une dépense de 90,000 fr., non compris les indemnités de terrains; et de l'autre, la route étant plus courte, traversant une

_____

(1) *Lisez* : le Guettin et sur la rive gauche de la Loire. *Voy.* pag. 43 et 46, notes.

localité où les matériaux abondent, dont le sol est bien disposé, son exécution coûterait, à ce qu'on pense, moitié moins que sur la direction opposée, eu égard surtout à la promesse faite de fournir gratuitement le terrain dont on aurait besoin ;

5° Enfin, que l'administration s'engage à fournir en trois ans, et même en moins de temps, les fonds nécessaires pour terminer la route entre Givry et Nérondes, et qu'elle ferait construire ensuite la partie comprise entre Nérondes et Bourges ;

Considérant que si l'administration des ponts-et-chaussées n'adopte pas le système de M. Jullien, pour la construction du pont-route accolé au pont-canal du Bec-d'Allier, ce ne peut être que parce que la mise à exécution sur le point qui avait été indiqué présente des obstacles insurmontables, puisque dans la construction de ce pont l'administration eût fait un chef-d'œuvre d'art et élevé un monument d'honneur à ses travaux, en même temps qu'elle eût satisfait au décret du 16 décembre 1811, qui a classé la route de Tours à Nevers, par le Gravier, et qu'elle eût ouvert un débouché au riche pays de la vallée de Germigny que la route eût traversée par son ancienne direction ;

Considérant aussi que si, par la nouvelle direction, on abandonne ce pays, *on reporte la route sur d'autres points non moins importans, non-seulement par la fertilité de tous les terrains où elle passerait* et par l'existence de belles propriétés agricoles, *mais encore par l'établissement d'un plus grand nombre d'usines, entourées de mines de fer qui sont une autre richesse de la contrée;*

Considérant que, dès que l'administration des ponts-et-chaussées abandonne le projet de M. Jullien, et qu'elle dit, par l'organe de son directeur-général, qu'il y a nécessité d'établir le pont, pour communiquer avec le Nivernais, sur un autre point que le Bec-d'Allier, le pont et la route qui en est la conséquence se présentent sous un aspect nouveau, et peuvent être l'occasion de nouvelles propositions à faire à l'administration ;

Considérant que ce changement de vues donne lieu à des offres extrêmement avantageuses de la part de M. le comte Jaubert, tant sous le rapport de l'économie que sous le rapport d'une prompte exécution de travaux, qui ouvriraient enfin, entre le Berry et le Nivernais, une communication depuis si long-temps promise et si ardemment désirée ;

Comme aussi, adoptant les considérations qui ont été présentées à M. le directeur-général des ponts-et-chaussées, ainsi qu'il résulte de sa lettre ci-dessus analysée, notamment celle qui est relative à la route départementale déjà existante, et à l'accroissement du surplus de la traverse de Nérondes à Nevers, qui ferait espérer une prochaine ouverture de la communication demandée ;

Est d'avis, à une grande majorité, non-seulement que le conseil n'a pas d'objections à faire contre le projet de changer la direction de la route royale, n° 76, de Tours à Nevers, en la dirigeant de Nérondes au port de Givry et abandonnant les points du Gravier et de Cuffy, mais encore d'exprimer ici son approbation pleine et entière du nouveau projet, pour tous les motifs ci-dessus exprimés.

Fait et délibéré en mairie, les jours, mois et an ci-dessus ; et ont tous les membres du conseil signé avec M. le président, à l'exception du sieur Gomelier qui a déclaré ne savoir signer, après lecture faite.

Ainsi signé : Lainé, Béjaud, Daine, Boyn, Petit, André, Ragon, Gossard, Robert, Péaloux-Robin, Berthault, Lainé, adjoint, Mathé et Massé, maire.

NOTE HUITIÈME.

Extrait de la délibération du conseil-général de la Nièvre.

30 Juillet 1832.

Le conseil général,

Considérant que le département trouvera, dans le projet nouveau, l'avantage d'être déchargé de l'entretien de la route départementale, n° 10, de Nevers au port de Givry, qui deviendra route royale ;

Considérant, d'un autre côté, que l'État en retirera l'avantage de trouver, dans la nouvelle direction, 2 lieues de route toute faite et en bon état dans le département de la Nièvre, tandis que, par le Bec-d'Allier et le Guettin, il n'y a rien de fait, ce qui occasionera une économie d'au moins 120,000 francs ;

Considérant, en outre, que, de l'autre côté de la Loire, l'État trouvera encore un plus grand avantage à la direction nouvelle, 1° parce que la direction pour aller à Nérondes est plus courte ; 2° parce que les terrains seront abandonnés sans indemnités sur une longueur d'environ 4 lieues ; 3° parce que les avances promises pourront mettre le public à même de jouir plus tôt de la route ;

Que les objections faites paraissent être sous l'influence d'intérêts particuliers ;

Le conseil adopte, *à l'unanimité*, la proposition faite, et demande en conséquence que la route départementale n° 10 soit déclarée faire partie de la route royale n° 76.

Pour extrait conforme. Le conseiller de préfecture, secrétaire-général,   *Signé*

NOTE NEUVIÈME.

Extrait du procès-verbal du conseil-général du département du Cher. — Session 1832. — Séance du 8 juin. — Pont du Bec-d'Allier.

Nota. M. Jaubert n'était pas présent à cette séance.

Un membre dit que le moment est aussi venu de réaliser la promesse faite par le département d'un secours de 200,000 fr. pour le pont du Bec-d'Allier. Un conflit (1) qui s'est élevé pour

---

(1) Ce n'était pas un conflit, mais une alternative présentée à l'administration dans l'intérêt général du pays.

l'emplacement de ce pont et la direction de la route qui doit
y aboutir, a empêché jusqu'ici les travaux de commencer, et,
selon toute apparence, privera le département du secours de
40,000 fr. qu'avait promis le gouvernement. Il n'en importe
pas moins que le département tienne sa promesse : le pont du
Guettin ne peut avoir lieu, sans doute, mais il peut être remplacé par un pont au Bec-d'Allier.

Un membre dit qu'il n'y a point à se prononcer en ce moment sur les deux directions; mais qu'il doit rectifier une erreur échappée au préopinant. Le conflit qui s'est élevé n'a pu
priver le département du secours de 40,000 fr. promis par
le gouvernement, puisque ce conflit n'a commencé qu'après
que le pont auquel le secours était accordé a été reconnu impossible (1).

Un membre dit qu'il ne comptait pas parler de cette affaire;
mais que, puisque l'occasion s'en présente, il est heureux de
pouvoir rétablir des faits qu'on a dénaturés, et relever des insinuations calomnieuses et fausses qui ont eu lieu dans le département.

On a dit que le député de Saint-Amand avait, dans l'intérêt d'une direction qui lui convenait mieux, contribué à faire
avorter le projet du pont du Bec-d'Allier. Cela n'est pas vrai;
et celui qui parle le sait, puisqu'il a travaillé activement avec
ce député à faire réussir ce projet. Mais quand le projet a été
définitivement rejeté par le conseil, alors le député de Saint-
Amand, jaloux d'aider à donner au département une route
qu'il attend depuis si long-temps, a cherché d'autres moyens
de réussir. Or, il a vu qu'en dirigeant la route par Givry, il
y aurait pour le gouvernement une économie considérable, et
qui le déciderait peut-être à y mettre immédiatement des
fonds; il a vu, de plus, que l'existence de grands établissemens
industriels en face de Givry, et l'intérêt que le propriétaire de
ces établissemens aurait à la confection d'un pont, l'engage-

---

(1) *Voy.* note cinquième, page 43.

raient sans doute à faire des sacrifices, et il lui a semblé qu'il y
aurait là de grandes chances de succès ; lui-même a fait des
offres considérables, ainsi qu'on le sait. Il a offert, d'accord
avec quelques propriétaires voisins, des terrains sur une longueur de quatre lieues. Il a offert de plus de se charger, à ses
frais et sans intérêt, d'achever la route en un an, tandis qu'il
n'en serait payé qu'en trois. Si ses offres eussent été acceptées,
le département, dès l'an prochain, eût donc pu jouir de la
communication qui lui est si nécessaire. Le député de Saint-
Amand était si convaincu de l'utilité de son projet, qu'il croyait
qu'à l'exception peut-être d'une ou deux localités, le départe-
tement tout entier lui en saurait gré. Il s'est trompé : des intérêts locaux et peut-être des préjugés se sont armés contre
lui, et il a retiré ses offres. Mais on doit du moins rendre justice à ses intentions. Quant au nouveau projet du pont au Bec-
d'Allier, loin que le projet de pont à Givry lui ait nui, c'est
ce dernier projet qui l'a enfanté : il n'en était pas question au-
paravant.

Un membre dit qu'il n'en reste pas moins certain qu'un vote
a eu lieu, l'an dernier, en faveur du pont au Bec-d'Allier, et
qu'un pont au Bec-d'Allier peut se faire. Si le conseil n'ac-
corde pas de fonds cette année, il faut qu'il dise pourquoi. Un
nouveau vote est donc absolument nécessaire. Quant à la direction de la route, le conseil n'a point à s'en occuper, puisque les offres faites pour faire changer cette direction ont été
retirées. Il demande donc formellement que le conseil renou-
velle son vote de 200,000 francs en faveur d'un pont au Bec-
d'Allier.

Un membre demande, pour s'éclairer, la lecture de la délibération de l'an dernier. Cette délibération est lue. Elle porte
en substance que le département vote une somme de 200,000 fr.
pour achèvement d'un pont accolé au pont-canal actuellement
en construction au Bec-d'Allier.

Un membre dit qu'en s'en tenant à la lettre, l'obligation du
département serait nulle, puisque le pont accolé au pont-canal
ne peut avoir lieu. Cependant il convient qu'un pont sur ce

point de la Loire serait très-utile au département, et il est tout disposé à voter des fonds. Il ne voudrait pas seulement que le département se prononçât aujourd'hui soit sur l'emplacement du pont, soit sur la somme à allouer. Ainsi ne peut-il pas arriver que l'on reconnaisse plus tard que le seul moyen d'avoir promptement une route est d'en changer la direction, et qu'alors on se décide à ce changement? Ne peut-il pas arriver aussi que quelque grand propriétaire d'usines faisant, pour la construction d'un pont, des sacrifices considérables, les sacrifices du département diminuent d'autant, et que, par exemple, il n'ait que 100,000 fr. à donner au lieu de 200,000 (1)? Une économie de cette nature est à considérer, et le conseil doit se réserver tous les moyens de décider ultérieurement la question. Si le conseil veut absolument renouveler son vote, qu'il dise alors qu'il est prêt à voter une somme pour l'établissement d'un pont entre Bourges et Nevers : ainsi la question restera tout entière.

Un membre dit que si quelque grand propriétaire d'usines est disposé à faire des sacrifices, d'autres propriétaires y sont également disposés. Du moment où il y a conflit, il n'est qu'un moyen d'en sortir, c'est la publicité et la concurrence (2). Par ce moyen, peut-être, le département n'aura-t-il pas même à dépenser 100,000 fr. Peut-être obtiendra-t-il le pont pour rien. Or, cette démarche n'a pas été suivie, et c'est ce dont on peut se plaindre. Quant à lui, il pense que l'emplacement du Bec-d'Allier est beaucoup plus avantageux à une compagnie

---

(1) C'est en effet ce qui aurait eu lieu si le projet du pont de Givry avait été adopté. Les personnes qui étaient à la tête de cette entreprise n'auraient demandé au département qu'une somme de 85,000 francs en actions, égale à celle pour laquelle il a contribué au pont de Saint-Thibault-sous-Sancerre. *Voyez* la note quatrième, pag. 42.

(2) M. Jaubert n'a jamais demandé autre chose. Au reste, lorsque la mise en adjudication du pont du Guettin aura lieu, nous verrons s'il y aura beaucoup de concurrence. Il est permis d'en douter, puisqu'aucune portion de route n'y aboutit en ce moment.

que l'emplacement de Givry ; c'est un lieu de passage plus fréquenté, et où ne pourront manquer de venir aboutir les habitans du canton de Sancoins. Givry, au contraire, est à peu de distance de La Charité, où il existe un pont. Par tous ces motifs, le conseil ne court aucun risque de se prononcer tout de suite, et de renouveler son vote.

M. le président dit qu'il lui semble qu'il n'y a rien à mettre aux voix, et qu'il faut passer à l'ordre du jour. Le vote de l'an dernier subsiste, et le conseil n'est point consulté sur le changement de direction de la route de Tours à Nevers. D'autre part, on convient qu'aucuns travaux ne pourront être faits cette année, et on ne demande aucuns fonds. Il n'y a donc rien en délibération.

Le conseil, sans autre observation, passe à l'ordre du jour.

Pour extrait conforme. Le conseiller de préfecture, secrétaire général,   *Signé* Turquet.

NOTE DIXIÈME.

Observations (publiées sans nom d'auteur) sur le projet présenté par M. le comte Jaubert, d'un changement de direction de la partie de la route royale n° 76, comprise entre Nérondes et Nevers.

La nécessité et l'utilité d'une route de Bourges à Nevers par Nérondes, les vallées d'Ignol et de Germigny, la Guierche et le Bec-d'Allier, avaient depuis long-temps été reconnues. L'administration provinciale du Berry s'en était déjà occupée ; elle sentait le besoin qu'éprouvait cette contrée, où les chemins sont si impraticables, de communications plus faciles, de débouchés plus aisés à ses produits.

En 1811, la route, n° 76, de Tours à Nevers, fut décrétée, passant par Nérondes, la Guierche et le Bec-d'Allier. Les mêmes motifs avaient guidé et l'assemblée provinciale et le gouvernement impérial.

Le tracé fut fait dans cette direction : c'est celle qu'indiquent toutes les cartes nouvelles du département. De nombreuses constructions se sont élevées depuis vingt ans dans la direction de cette route ; des propriétés ont été acquises d'après la valeur que devait leur procurer cette communication nouvelle ; des souscriptions ont été ouvertes et consenties. La commune de la Guierche, jalouse d'y contribuer et confiante dans les actes du gouvernement, a, pour y concourir, aliéné une partie de ses communaux. Des dépenses considérables ont été faites par l'administration elle-même, tant pour les tracés que pour les plans.

C'est cependant dans cet état des choses, c'est au bout de vingt-un ans que, dans des intérêts privés (1), on proposa un changement total de direction, sans tenir aucun compte ni de l'intérêt général, ni des droits qui semblaient acquis.

Aux offres faites par M. le comte Jaubert, on dirait qu'il s'agit ici de mettre à l'encan la sollicitude du gouvernement (2). N'est-elle donc pas de droit acquise aux contrées qui ont le plus besoin d'elle, et qui, par leurs produits comme par leur population, offrent dans un prochain avenir un dédommagement certain, tant par l'augmentation de la valeur du sol, que par l'accroissement assuré des consommations ?

La comparaison des contributions payées peut prouver de quelle importance est la partie située entre Nérondes et le Bec-d'Allier, comparativement à celle de Nérondes à Givry.

Les relations de cette première contrée avec Nevers sont triples de celles qui existent sur la ligne de Givry. Les baux des bacs existant à Apremont et au Bec-d'Allier en font foi, si on les compare aux baux des bacs de Givry et du Poids-de-Fer (3).

La population intéressée à la direction de Givry n'est qu'à

---

(1) Cette accusation est retombée sur ses auteurs.

(2) Non ; mais il s'agissait, par des offres importantes et l'appât d'une économie considérable, de déterminer le gouvernement à agir.

(3) La réponse est aux pages 83, 84 et 94.

peine la sixième partie de la population intéressée à la direction du Bec-d'Allier (1).

Un pont isolé serait donc, sous le rapport des communications, beaucoup mieux placé au Bec-d'Allier qu'à Givry. Un
péage y rapporterait plus de trois fois autant; car, indépen-
damment de la fréquence des passages actuels, on peut compter
d'avance que non-seulement le pont du Bec-d'Allier réunirait
ceux qui ont lieu à Apremont, mais encore que de Sancoins
on se dirigerait sur Nevers par ce pont bien plus tôt que par
le bac de Mornay.

Un pont sur la Loire serait d'une construction aussi facile
et aussi peu dispendieuse au Bec-d'Allier qu'à Givry. Une compagnie devrait le soumissionner de préférence, puisque le produit en serait évidemment plus considérable (2).

Que si ensuite on examine les assertions et les calculs de
M. le comte Jaubert relativement à la confection de la route,
on est forcé de remarquer que ces calculs, qui d'ailleurs va-
rient suivant ses différens *factum* (3), sont tous basés sur des
erreurs.

1° Il ne s'agit plus d'ouvrir une route nouvelle du Guettin
à Nevers, mais de suivre, sur la rive droite de la Loire, le chemin existant de Nevers au Bec-d'Allier. Or, ce chemin, plus
court que celui de Givry à Nevers, et servant aujourd'hui de
chemin de halage pour la Loire, n'aurait besoin que d'un
élargissement convenable. La confection totale d'une chaussée
empierrée, accolée au chemin de halage, coûterait à peine
40,000 fr. On ne sait pas pourquoi, dans son *factum*, M. Jaubert mentionne ce chemin de halage comme devant occasio-

---

(1) Fourchambault, avec ses annexes, est à lui seul aussi peuplé que
la Guierche. *Voy.* aussi les rapports des ingénieurs, pag. 84 et 90.

(2) C'est ce que nous saurons après l'adjudication qui va avoir lieu
prochainement.

(3) M. Jaubert n'a pu se procurer que successivement les élémens de
ces calculs. Les chiffres définitifs et officiels sont énoncés dans le présent
écrit, et confirment pleinement ses prévisions.

ner une dépense de 85,000 fr. ; ce chemin existe, il est en bon état et déjà à la charge de l'administration (1).

2° M. Jaubert présente le chemin de Fourchambault à Nevers comme une route départementale en bon état; mais ce fait est loin d'être exact.

Ce chemin, à la vérité, a été nouvellement classé par le département de la Nièvre, mais apparemment comme route à faire. Ce n'est encore qu'un chemin vicinal assez mal empierré (2) sur sa plus grande longueur, n'ayant subi aucun nivellement, et il en coûterait 20,000 francs pour le convertir en route royale de 3° classe. La différence pour les deux dépenses serait donc d'à peu près 20,000 fr.

3° M. Jaubert porte en dépense pour 10,000 fr., dans la direction du Bec-d'Allier, la construction d'un pont sur le canal latéral à la Loire. Ce pont est dû par l'administration au Bec-d'Allier comme à Givry.

4° La distance de Nérondes à Givry serait, selon M. Jaubert, d'abord de 18,500 mètres, et en second lieu de 20,000; d'après son tracé elle excéderait ce dernier chiffre. Celle de Nérondes au Bec-d'Allier serait, selon lui, de 23,724 mètres, par la raison seule qu'il attribue ce chiffre à la distance de Nérondes au Guettin. Les deux distances, cependant, ne sont pas les mêmes, et la première ne doit pas s'élever à plus de 21,000 mètres. La différence des deux directions serait donc de 7 à 800 mètres au plus, qui, à 7 fr. le mètre, donneraient une somme de 5,600 fr. : total de la différence, 25,600 fr.; car, sur la direction du Bec-d'Allier, les terrains seraient également livrés gratuitement. De nombreuses souscriptions, consenties par un grand nombre de propriétaires, serviraient d'abord à payer immédiatement, et par les souscripteurs eux-mêmes, les terrains non concédés. Les sommes restées libres sur ces souscrip-

---

(1) Lisez seulement le rapport de M. Mossé, pag. 82 et 83.

(2) Il faut croire que l'auteur de l'écrit n'a jamais suivi cette route : il n'y en a pas de plus belle et de mieux entretenue à 50 lieues à la ronde.

tions s'élèveraient encore à 20,000 fr. qui, mis à la disposition du gouvernement, viendraient en déduction des 25,000 fr.

Ainsi, en définitive, ce serait pour une misérable somme de 5 à 6,000 fr. (1) qu'on sacrifierait les intérêts et les droits de toute une contrée! Suffit-il donc qu'un particulier puisse, dans son intérêt privé, faire des sacrifices qui en réalité ne sont que des avances (2), pour faire changer une détermination prise depuis long-temps par l'administration dans l'intérêt le plus général ?

M. Jaubert parle de l'abondance des matériaux dans la direction de Givry, mais il ne dit rien de leur qualité. Dans la direction du Bec-d'Allier, il existe des carrières abondantes à Ignol, à Gramus, au Jay, à Chalivoi, à la Guierche, et la pierre en est plus dure et moins susceptible de geler que dans l'autre direction.

Enfin il ne s'agit point ici d'une question d'économie, mais d'utilité publique; et, sous ce rapport, dût-il en coûter 50,000 f. de plus, le gouvernement aurait intérêt à maintenir la direction par la Guierche.

Si d'un côté on cite les usines de Fourchambault, Feularde et Torteron, de l'autre on trouve celles de Grossouvre et Trézy, de la Guierche, du Chautay, de Mauregard, et de plus les vallées d'Ignol et de Germigny, auxquelles la direction de Givry n'a rien à comparer (3).

    Avril 1832.   (Bourges, imprimerie de Manceron.)

Aux attaques dirigées contre lui par un journal, la *Revue du Cher*, qui l'injurie sans cesse, M. Jaubert avait cru devoir répondre la lettre suivante :

A M. le Rédacteur de la Revue du Cher.

Monsieur,

Tant que vous n'avez inculpé que mes opinions et mes actes

---

(1) Dites donc 200,000 francs. Ce sont les opposans qui ont sacrifié la contrée, puisque nous n'avons encore ni pont ni route.

(2) Faites-en de pareilles !

(3) *Voy.* les rapports des ingénieurs et les observations du préfet du Cher, pag. 82, 88 et 98.

politiques, j'ai gardé le silence. Etait-ce celui de la crainte? vous savez bien le contraire.

Mais dans votre n° du 29 de ce mois, à propos d'un projet de changement de direction entre Nérondes et Nevers de la route royale n° 76, vous me dénoncez à mes concitoyens comme abusant de ma position de député pour favoriser mes intérêts particuliers au détriment de l'intérêt général.

J'ai à ce sujet fait distribuer à MM. les électeurs de l'arrondissement de Saint-Amand, juges naturels de ma conduite, et à un grand nombre d'autres propriétaires du Cher et de la Nièvre, un écrit accompagné d'un tableau comparatif des distances et de la dépense des deux directions proposées, ainsi que d'une carte du pays. Les faits et les chiffres sont là pour réfuter vos assertions. Je crois y avoir démontré les avantages qui résulteraient de mon projet et pour le département et pour l'Etat. Il y a, quoi que vous en disiez, accourcissement de route de 4 kilomètres, économie de près de 200,000 fr., certitude pour la confection de la route en une année, facilité pour la construction d'un pont.

Les sacrifices pécuniaires que je me suis imposés dans cette circonstance sont appréciés par toutes les personnes qui connaissent les localités : vous n'êtes pas de ce nombre, et je vous récuse.

Tout se réduit à savoir s'il est ou non possible d'accoler un pont-route au pont-aquéduc du Guettin. Vous dites oui, l'administration des ponts-et-chaussées a, jusqu'à présent, dit non. Tant qu'il y a eu espoir de ce côté, personne n'a travaillé avec plus de persévérance que moi à la réussite de ce pont, soit auprès des conseils-généraux du Cher et de la Nièvre, soit auprès de l'administration elle-même ; j'invoque à cet égard la notoriété publique.

Aujourd'hui la question a changé de face. S'il ne peut pas y avoir de pont-route au Guettin, le motif déterminant qu'on aurait eu pour diriger la route sur le Guettin, cesse à l'instant même, et il y a lieu d'examiner si toute autre direction ne serait pas préférable.

Ici les divers intérêts locaux sont en présence ; lequel se concilie le mieux avec l'intérêt général ? voilà ce que l'administration jugera, sur le vu de l'enquête qui a été ordonnée. Les conseils municipaux des villes de Bourges et de Nevers, ceux de Néroudes, de la Guierche et de Cuffy, ont été appelés à donner leur avis. Les ingénieurs des deux départemens feront leurs rapports. Les conseils-généraux du Cher et de la Nièvre auront à se prononcer relativement au pont.

Vous le voyez, Monsieur, tout se passe dans les formes ordinaires, aucune surprise n'est à craindre : quelle que soit la décision définitive qui intervienne, je m'appliquerai sans relâche à procurer au département, soit par l'une (1), soit par l'autre direction, une communication de la plus haute importance pour sa prospérité et qu'il réclame vainement depuis vingt-cinq ans. La seule différence serait qu'en adoptant mon projet, on jouirait de la route presque immédiatement, tandis que dans l'autre cas on pourrait bien attendre ce bienfait encore pendant vingt-cinq ans.

C'est bien plus mal à propos encore que vous attaquez M. Duvergier de Hauranne dans votre article ; car il est tout-à-fait étranger au projet dont il s'agit.

Aux termes de la loi, je vous invite à insérer ma réclamation dans votre prochain numéro.

J'ai l'honneur de vous saluer.

Comte JAUBERT, député du Cher.

NOTE ONZIÈME.

Paris, 15 avril 1832.

Lorsque j'ai proposé le changement de direction, entre Né-

---

(1) Le mémoire adressé à M. le ministre du commerce et des travaux publics, le 28 mars dernier, et placé pag. 5 et suivantes, en tête de ces *documens*, est la meilleure preuve de la persévérance de M. Jaubert à remplir ses devoirs envers le département.

rondes et Nevers, de la route royale n° 76, je devais m'attendre à une vive opposition de la part des conseils municipaux de la Guierche et de Cuffy, et à une approbation entière de la part de celui de Nérondes : ni l'une ni l'autre n'ont manqué.

Mais j'étais loin, je l'avoue, de penser que le conseil municipal de la ville de Bourges émettrait le vœu que l'ancienne direction fût maintenue, en d'autres termes, que l'ouverture de la route fût encore une fois indéfiniment ajournée. Il s'est même refusé à délibérer sur la question subsidiaire de savoir si, dans le cas où il y aurait impossibilité d'obtenir un pont soit au Guettin, soit au Bec-d'Allier, il ne vaudrait pas mieux avoir une communication avec Nevers, par Givry, que de n'en avoir aucune ? C'était là pourtant le point capital, la véritable question.

J'offrais gratuitement, tant en mon nom qu'en celui de mes voisins mes co-signataires, la cession *immédiate* de tous les terrains entre Nérondes et la Loire, sur près de quatre lieues de développement. De la rive droite de la Loire à Nevers, *tout est fait ;* l'ensemble de la route aurait présenté un *accroissement notable* de distance ; enfin les chances les plus favorables existaient pour l'établissement d'un pont sur la Loire. De mon projet résultait pour l'Etat une économie de plus de 200,000 francs.

L'administration des ponts-et-chaussées, enhardie par de si grands avantages, avait annoncé l'intention de faire en trois ans les fonds nécessaires pour la route, évalués dans mon écrit à 156,000 francs. L'entrepreneur qui était prêt à avancer cette somme considérable, c'était moi : il s'ensuivait que la communication entre Nérondes et Nevers aurait été complétée *en une campagne ;* j'avais pris le soin de le déclarer au conseil municipal de Bourges. Il n'ignorait pas non plus par qui devaient être complétés les fonds que les conseils-généraux auraient fournis pour le pont de Givry.

L'opposition inattendue que je rencontre me détermine à retirer ces dernières offres, et à demeurer désormais étranger à la décision qui pourra être prise par l'administration ; car il ne pourrait me convenir, comme député, de soutenir une lutte contre les organes légaux de la ville chef-lieu du département que j'ai l'honneur de représenter.

Le public a maintenant sous les yeux tous les documens nécessaires pour se former une opinion raisonnée sur cette affaire. Si les deux départemens du Cher et de la Nièvre sont encore privés pendant long-temps de l'importante communication que j'avais à cœur de leur procurer en m'imposant de si grands sacrifices, du moins la responsabilité de ce retard déplorable ne pèsera pas sur moi.

Mais j'aime à croire que les personnes qui ont été si ardentes à provoquer le vote du conseil municipal de Bourges, vont actuellement s'entendre pour réaliser de leur côté les offres que j'avais faites du mien, savoir : 1° la cession *intégrale et immédiate* des terrains entre Nérondes et Nevers, par le Guettin ou le Bec-d'Allier; 2° l'avance des fonds pour la route, c'est-à-dire 401,511 fr. 20 c. par le Guettin, ou 344,293 fr. 20 c. par le Bec-d'Allier. 3° Nous verrons aussi ce que les souscriptions particulières fourniront pour un pont quelconque.

En supposant la réunion de ces trois conditions, ce que je désire sincèrement, restera toujours ou l'impossibilité d'obtenir un pont au Guettin, ou l'extrême difficulté d'en construire un au Bec-d'Allier, précisément au confluent de deux rivières comme la Loire et l'Allier.

Un temps viendra peut-être où l'on regrettera de n'avoir pas secondé mes propositions. Les préventions passent; mais la vérité et l'intérêt général finissent par se faire jour.

Comte JAUBERT, député du Cher.

(Imprimerie de Decourchant.)

NOTE DOUZIÈME.

Extraits du rapport de M. Mossé, ingénieur en chef de la Nièvre.

8 Mai 1832.

Malheureusement, le système proposé pour le pont suspendu n'a pas été adopté, et l'on a cru même qu'il y aurait quelque danger à adosser un pont quelconque au pont-aquéduc. Alors des hommes honorables, qui avaient fait tous leurs efforts pour obtenir la construction du pont suspendu auprès du pont-aquéduc, ont fait une autre proposition au gouvernement.

L'épaisseur du sable au pont-aquéduc est de 15 mètres; il est très-présumable qu'au pont-aquéduc elle serait la même; cependant les sondes n'ont donné, au Bec-d'Allier comme à Givry, que 4 mèt. 60 mill. à 5 mèt. Au Bec-d'Allier, cette profondeur règne sur toute la largeur du fleuve; à Givry, elle n'existe que sur une partie de cette largeur, du côté de la rive gauche.

Loin d'avoir exagéré les distances sur la ligne de la Guierche, M. Jaubert s'est trompé au détriment de son projet, en portant à 4,759 mèt. la distance de Nevers au Bec-d'Allier; en réalité, cette distance, qui a été chaînée avec soin, est de 7,055 mèt. à partir de l'embranchement sur la route royale, n° 76, de Nevers, auprès de l'ancienne auberge du Grand-Monarque, jusqu'au point où un pont suspendu pourrait être placé au Bec-d'Allier.

C'est cette partie qui, dans son état actuel, ne peut être considérée que comme un chemin de halage. Pratiquée, dans la presque totalité de sa longueur, dans un coteau qui s'élève tantôt à pic, tantôt à 45°, et rarement sous une inclinaison plus douce, battue à son pied et menacée par le courant de la Loire, élevée à environ 4 mèt. au-dessus des eaux ordinaires de ce fleuve, submergée quelquefois par les grandes crues, ayant une largeur qui ne permet qu'avec peine le passage de deux voitures, elle est très-dangereuse à parcourir (1).

Suivent les devis, etc.

Ainsi la construction de la route n° 76, sur la rive droite de la Loire, depuis Nevers jusqu'au Bec-d'Allier, coûterait au moins une somme de 120,000 francs ; et, si on voulait donner à cette route la largeur de 10 mètres non compris le parapet en terre, et à sa chaussée celle de 5 mètres, largeur communément en usage sur les routes royales, elle coûterait beaucoup plus.

Comparaison entre la direction par le Bec-d'Allier et celle par le pont de Givry.

La longueur de la route départementale n° 10, depuis la place de la halle de Nevers jusqu'au bord de la Loire, en face du port de Givry, est de 7,800 mètres (égale, à 27 mètres près, à la distance de Nevers au Guettin, et de 745 mèt. plus grande que la distance de Nevers au Bec-d'Allier). Mais, dans le département du Cher, la distance de la Loire à Nérondes est plus longue par la Guierche que par Givry.

Cette distance par Givry n'est que de.......... 18,503 m.

(*Voyez* le tableau comparatif placé à la fin de l'ouvrage, en regard de la Carte, et page 89, note.

Le gouvernement trouve dans le département de la Nièvre une route *ouverte et achevée*, éloignée du bord de la Loire, partout à l'abri des plus hautes crues du fleuve, et, par suite, une économie de 120,000 fr.;

Dans le département du Cher, une lieue de moins à construire, et, de plus, il n'aurait aucune indemnité à payer pour le terrain à occuper par les 4 lieues ½ de route à ouvrir.

Le commerce, le roulage, les voyageurs, jouiraient ainsi d'une route sûre, et auraient une lieue de moins à parcourir.

---

(1) Voilà le chemin dont les conseils municipaux de Nevers, page 57, de la Guierche, page 60, de Cuffy, page 64, et l'auteur des *Observations*, pages 75 et 76, font un si bel éloge, et opposent à la route de Fourchambault !

De ce que le bac du Bec-d'Allier est affermé plus cher que celui de Givry, quelques personnes pensent que la ville de Nevers verrait affluer dans son sein moins de denrées par Givry que par le Bec-d'Allier. Mais cette différence dans les locations résulte uniquement de la concurrence qui existe au Bec-d'Allier entre les nombreux mariniers qui y habitent.

La vérité est que le bac de Givry est au moins et peut-être plus fréquenté que celui du Bec-d'Allier.

Le pont étant placé à Givry, la superficie productive en amont du pont aura une lieue de plus de longueur, et en aval, le point de séparation des produits qui se dirigeront les uns vers Nevers, les autres vers la Charité, se trouvera plus bas.

Le marché de la ville de Nevers serait plus abondamment alimenté par un pont placé à Givry que par un pont placé au Bec-d'Allier.

Entre Nevers et le Bec-d'Allier, il n'existe pas un village, une seule maison constamment habitée ; dans le Cher, il y a autant de population sur la ligne de Givry que sur celle de la Guierche.

La construction d'un pont à Givry et de la route favoriserait, dit-on, singulièrement les grandes usines de Fourchambault : mais où trouver ailleurs que dans cette localité de plus grandes facilités pour une compagnie ? Ces avantages, pourquoi les envierait-on à un établissement qui fait vivre des milliers d'ouvriers, qui répand journellement tant d'argent dans le pays, et qui imprime tant de mouvement à l'industrie et au commerce de Nevers et des deux départemens ? Ces avantages seront d'ailleurs bien achetés par ceux qui en profiteront : le gouvernement et le pays y gagneraient plus qu'eux, comme on l'a démontré ci-dessus.

Le pont de Givry pourrait être construit en une campagne.

En supposant, ce qui est douteux, que le pont du Bec-d'Allier pût être construit avec autant de célérité, il n'aurait, lorsqu'il serait exécuté, de communication ni avec Nevers ni avec Nérondes. Il faudrait encore que le gouvernement consacrât une somme de 120,000 fr. pour la partie de route venant à Nevers, et une somme dont M. l'ingénieur en chef du Cher fera connaître le chiffre, pour la partie de route allant à Nérondes. Nous allons voir qu'on ne peut espérer que le gouvernement allouât ces deux sommes en moins de douze ans pour une route de 3e classe, d'un intérêt extrêmement secondaire pour lui; et, pendant douze ans, non-seulement le pays ne jouirait pas de la communication qui ne serait pas ouverte, mais encore le péage qui serait perçu par la compagnie qui aurait construit le pont, ne serait pas la moitié de celui qui serait perçu à Givry au bout de la deuxième année.

Le département de la Nièvre a six routes royales de 3e classe non achevées, et qui toutes présentent pour lui plus d'intérêt que celle de Nevers au Bec-d'Allier. La dépense restant à faire sur ces six routes est évaluée à un million; combien d'années ne faudra-t-il pas pour leur achèvement!

Chaque année le budget de l'État affecte dans chaque département une somme à peu près constante aux constructions neuves.

Si la route de Nevers au Bec-d'Allier entrait en partage de cette somme, la part de chacune des autres serait diminuée, et leur confection serait retardée.

Ainsi le département, pour avoir une route royale de plus, route inutile, puisque la communication est déjà établie par la route départementale de Nevers à Givry, ne jouirait que beaucoup plus tard de ses routes actuellement en construction, et qui sont d'un si grand intérêt.

Ainsi tout se réunit en faveur de Givry. L'intérêt du gouvernement, celui de la compagnie qui construirait le pont suspendu, celui des voyageurs et du commerce, celui du département de la Nièvre et même du département du Cher, celui de la ville de Nevers et de la ville de Bourges, tout cela devrait-il être sacrifié au seul intérêt de la Guierche et de deux ou trois autres communes qui l'avoisinent?

D'ailleurs, ce dernier intérêt est-il bien entendu? Ne vaut-il pas mieux, pour ces communes, jouir immédiatement d'un pont et d'une route en faisant un détour d'une lieue, que d'attendre au moins douze ans l'achèvement d'une route plus directe pour elles seules? Et qui sait même si cette dernière route serait jamais exécutée? Qui sait si le gouvernement pourrait se résoudre à lui allouer des fonds et à faire un énorme excédant de dépense pour avoir une communication plus longue et moins utile que celle qui lui aurait beaucoup moins coûté?

L'ingénieur en chef de la Nièvre.   *Signé* Mossé.

NOTE TREIZIÈME.

*A M. Egault, ingénieur en chef des ponts-et-chaussées,
à Bourges.*

Givry, 30 octobre 1832.

Mon beau-frère, M. Boigues, vient de me communiquer votre lettre du 23. J'y vois que M. Turquet, faisant l'intérim de la préfecture du Cher, a répondu il y a quinze jours à l'administration des ponts-et-chaussées que la décision à intervenir sur la route royale n° 76 devait être basée sur les avantages que peut procurer la direction de Givry dans la Nièvre, plutôt que sur ceux que cette direction présente dans le Cher. Selon M. Turquet, ces avantages sont nuls dans le Cher, vu le retrait que j'ai fait de mes offres primitives. Vous ajoutez que « cette » réponse laisse à M. Jaubert la faculté de reproduire ses pro- » positions, si elles paraissaient nécessaires à l'administration » pour faire pencher la balance. »

Ce mérite, Monsieur, j'en suis fort peu jaloux. Dans cette affaire d'un intérêt si grand pour le département, j'ai été si peu secondé par les personnes sur le concours desquelles je devais le plus compter, ma conduite, toute loyale, toute généreuse, j'ose le dire, m'a valu tant d'attaques et d'injures au lieu des remercîmens auxquels j'avais droit, que je ne renouvellerai très-certainement ni l'offre d'une avance de 156,000 fr. pour la confection de la route de Givry à Nérondes, ni l'offre de la totalité des terrains de cette ligne. Quant aux terrains

dont je suis propriétaire sur une étendue de 7,625 mètres (1),
je serais encore assez bon citoyen pour les donner gratuitement
à l'État si l'administration jugeait à propos d'adopter la direction de Givry. C'est à elle à faire son compte, et à juger si ce
parti n'est pas encore le meilleur à adopter, à raison 1° de
la portion maintenue de mes offres; 2° des facilités de tout
genre que présentent les localités; 3° de l'économie de près de
200,000 fr. qui résulte de ce que, de Fourchambault à Nevers,
il existe une route très belle entièrement achevée; 4° de l'accourcissement notable de la ligne totale : à cet égard M. Mossé
a constaté, dans son rapport, que je m'étais trompé, dans mon
écrit, de 1500 mètres au détriment de la direction de Givry;
5° des chances presque certaines pour la construction à Givry
d'un pont par actions. Je puis vous assurer que les piles de ce
pont seraient fondées aujourd'hui, pour peu que j'eusse été
secondé lors de la présentation de mon projet. Combien n'est-
il pas regrettable d'avoir perdu une année si favorable pour
les travaux hydrauliques! La faute n'en est pas à moi.

Quoi qu'il en soit, Monsieur, il y a une décision à prendre;
elle m'intéresse beaucoup moins qu'on n'a affecté de le penser.
Mon habitation étant située sur le bord de la Loire, je com-
munique très-aisément avec Nevers et La Charité, et je n'ai
nul besoin de la route de Nérondes pour exporter les produits
soit de mes bois, soit de mes terres, dont les unes sont tra-
versées par deux canaux navigables, et dont les autres sont,
pour ainsi dire, à la porte des usines. Cette décision intéresse
donc tout le centre du département, et surtout le pays si fertile et si abandonné qui avoisine Nérondes; elle intéresse Bourges et le département tout entier. L'administration des ponts-
et-chaussées a ordonné des enquêtes; elles ont eu lieu; elle a
demandé des rapports; ceux de MM. le Préfet et l'Ingénieur en
chef de la Nièvre ont seuls été expédiés. Malgré d'itératives
lettres de rappel, les autorités du Cher n'ont encore rien fait,

____

(1) *Voy.* le tableau comparatif placé à la fin de l'ouvrage en regard de
la carte.

à moins qu'on ne qualifie de rapport, dans une affaire de cette importance, le jugement qu'a porté M. Turquet.

Si mon nom n'avait pas été prononcé, j'aurais continué à m'abstenir de toute intervention. Mais la lettre de M. Turquet et la vôtre, Monsieur, rejetant en quelque sorte sur moi la responsabilité d'un retard dont le pays souffre, j'éprouve le besoin de décliner cette responsabilité. Les modifications apportées à mes premières offres n'empêchent pas qu'il y ait lieu à un rapport quelconque dans le Cher comme dans la Nièvre. La question en vaut la peine, et les ordres de l'administration générale sont formels : ni vous ni M. le Préfet ne voulez certainement éviter de vous prononcer dans une affaire qu'à la vérité l'esprit de parti et la passion n'ont que trop envenimée. Mais, quelles que soient les conclusions de ce rapport, comme il sera le produit d'un examen consciencieux et éclairé, personne n'aura le droit de s'en plaindre.

J'adresse à M. le Préfet copie des explications qui précèdent et qui m'ont paru nécessaires pour fixer l'état de la question.

Agréez, Monsieur, etc.

Comte JAUBERT, député du Cher.

NOTE QUATORZIÈME.

Extraits du rapport de M. Egault, ingénieur en chef du Cher.

22 Novembre 1832.

1° *Longueur comparative des deux directions.* — De Nevers au Bec-d'Allier, M. Mossé, ingénieur en chef de la Nièvre, annonce qu'en partant de deux points différens, la longueur est de 7,055 mèt. ou de 7,550 mèt.; nous prendrons pour la longueur moyenne. . . . . 7,300 m.

Traversée de la Loire. 720

La statistique de 1824 porte la distance du Bec-d'Allier à Nérondes à 23,724 mètres. Ce chiffre est inexact.

A reporter. . . . . 8,020 m.

$$\text{Report}\ldots\ldots\ldots\quad 8,020\text{ m.}$$

.. Les plans que j'ai fait faire avec soin à l'échelle de $\frac{1}{5000}$, pour les projets de cette partie de route, donnent pour longueur, depuis la digue de la Loire jusqu'à l'embranchement de la route départementale dans le village de Nérondes.............. 20,615

Longueur totale............ 28,635 m.

De Nevers à l'emplacement du pont de Givry, M. Mossé annonce que la distance est de 7,800 m.

Traversée de la Loire............ 516

De la Loire à Nérondes, M. Jaubert annonce (1) que la distance est de..... 18,503

Longueur totale... 26,819 m. 26,819

Différence..........., 1,816 m.

En mesurant les deux lignes sur la carte de Cassini, on trouve pour celle qui passe par la Guierche..... 28,400 m.

Pour celle qui passe par Givry............. 26,700

Différence........... 1,700 m.

---

(1) Distance de Nérondes à Givry :

1° De Nérondes, par Milly et Beaurenard, au pré de Sergues, d'après le plan parcellaire dressé par M. Aumeunier, géomètre à Nérondes, qui en a gardé minute (ce plan a été déposé entre les mains de M. l'ingénieur en chef du Cher); mesure exacte............. 9,005 mèt.

2° De Sergues à la rivière d'Aubois, d'après la carte de Cassini............................... 1,650 m. } 1,815
A ajouter pour la courbe................ 165

3° De la vallée d'Aubois à Givry (espace appartenant exclusivement à M. Jaubert), d'après les plans des terres de Givry et de Patinges, dressés en 1823 et 1826, par M. Delouche, géomètre délimitateur du cadastre du département du Cher, qui en a gardé minute................. 7,625

NOTA. M. l'ingénieur Egault ajoute aux quantités ci-dessus.. 58

Total................. 18,503 mèt.

Ainsi, on arrive presque aux mêmes chiffres par deux mesurages différens ; et l'on doit être très-près de la vérité en disant que la route par Givry est plus courte que par la Guierche de 1800 mètres.

2° *Lieux habités.* — En prenant par le Gravier, on rencontre ce bourg, peuplé de 200 habitans, et la petite ville de la Guierche, chef-lieu de canton, avec 800 à 900 habitans ; enfin le hameau du Bec-d'Allier, composé en partie de mariniers.

Sur la direction par Givry, on rencontre beaucoup d'habitations isolées, mais point d'agglomérations.

3° *Prospérité agricole.* — La vallée de Germigny, traversée par la première direction entre la Guierche et Nérondes, est d'une grande fertilité ; il s'y trouve de beaux bois de chêne qui jusqu'à présent ont été exploités difficilement, mais qui désormais pourront l'être avec quelque facilité au moyen du canal de Berry qui borde la vallée de Germigny. Ils pourront ainsi arriver à Bourges, où ils seront d'une grande utilité, si, comme il y a lieu de l'espérer, on y établit un dépôt d'artillerie ; les blés de cette vallée pourront aussi être exportés au moyen du canal du Berry. Cependant il est incontestable que l'ouverture d'une route augmenterait la facilité des exportations, et par conséquent la valeur des terrains désignés sous le nom de vallée de Germigny.

Du Bec-d'Allier à la Guierche, on trouve un sol graveleux, d'où le bourg le Gravier tire probablement son nom ; mais le terrain prend beaucoup de valeur en s'approchant de la Loire. L'agriculture est moins florissante sur la direction par Givry : on signale les landes de Bouy. Cependant ce pays est loin d'être inculte ; il est productif et en bon état de culture.

La direction par Givry passe à peu de distance du hameau nommé Jouet (1), qui depuis quelque temps a pris une grande extension ; un marché, qui chaque année devient plus considérable, s'y tient toutes les semaines. Il s'y fait de grands

---

(1) Jouet a une importance à peu près égale à celle de la Guierche.

achats pour l'approvisionnement des villes environnantes, et surtout pour Nevers.

A tout prendre, il est difficile de donner la préférence, sous le rapport agricole, à l'une ou à l'autre des deux directions.

4° *Prospérité industrielle.* — On trouve du minerai aux environs de la Guierche, où un haut fourneau se trouve en grande activité; mais on ne peut contester que sur la direction par Givry il n'y soit plus abondant. Les forges de Feularde et de Torteron produisent la fonte qui sert à fabriquer les meilleurs fers du Berry.

La route dirigée par Givry passerait tout près des magnifiques forges de Fourchambault, qui, élevées il y a dix ans, font vivre quelques milliers d'ouvriers et produisent des fers d'une qualité supérieure.

Nul doute que, sous le rapport industriel, la direction par Givry ne mérite la préférence.

5° *Mouvemens militaires.* — Une communication active a lieu maintenant de Nevers à Bourges; elle sera beaucoup augmentée si l'on établit dans cette dernière ville un dépôt d'artillerie. Des troupes seront dirigées de l'une de ces villes sur l'autre, et l'on doit se demander quelle est celle des deux directions qui leur sera la plus commode.

Au premier abord, la Guierche paraît un point utile de repos; mais ce village est trop près de Nevers et de Nérondes pour que les troupes s'y arrêtent.

La distance de Nevers à Nérondes peut être parcourue en une journée de marche, surtout par Givry, n'étant alors que de 26,000 et quelques cents mètres.

6° *Pentes du terrain.* — Les pentes sont sensiblement les mêmes sur les deux directions.

7° *Abondance et qualité de la pierre.* — Pour former l'empierrement de la route :

Du Bec-d'Allier à la rivière de l'Aubois, il ne se trouve que la carrière du Guettin; à la vérité la pierre y est très-abondante et de bonne qualité; elle peut servir à empierrer la route jusqu'au Gravier, la distance moyenne du transport étant de 4,000 mètres.

De Givry à la rivière de l'Aubois il n'y a pas de pierre; on ne trouve du moins qu'une carrière de moëllon trop tendre pour empierrer une route; mais, au moyen du canal latéral à la Loire, il serait facile d'en descendre des carrières du Guettin.

De la rivière de l'Aubois à Nérondes, la pierre est, comme sur la première direction, très-abondante et de bonne qualité.

8° *Argent et terrains offerts pour la confection de la route.* — Les cessions gratuites de terrains sont extrêmement avantageuses, non-seulement parce qu'elles économisent les deniers de l'État, mais parce qu'elles dispensent l'administration des formalités voulues pour exproprier, et des entraves qui souvent retardent fort long-temps la confection des travaux. L'offre qui avait été faite par M. le comte Jaubert de fournir gratuitement tous les terrains entre Givry et Nérondes méritait donc d'être prise en grande considération; il est fâcheux qu'il l'ait retirée. A la vérité, par une lettre qu'il m'a fait l'honneur de m'adresser le 1er de ce mois (1), il m'annonce qu'il ferait encore le sacrifice de son terrain si l'administration jugeait à propos d'adopter la direction par Givry.

Les propriétaires intéressés à ce que la direction par le Gravier ne soit pas changée, annoncent qu'ils sont prêts à tous les sacrifices, non-seulement en abandonnant gratuitement les terrains, mais en donnant de fortes sommes pour la confection des travaux.

Des sacrifices tant en argent qu'en terrains sont sans doute très-propres à faire pencher la balance pour l'une ou l'autre direction; mais il faut savoir au juste en quoi ils consistent. Dans cette vue je crois utile, ainsi que j'ai eu l'honneur de l'exprimer à M. le Préfet, que l'on recueille sur l'une ou l'autre ligne les souscriptions que les propriétaires sont disposés à faire.

9° *Confection de la route : direction par le Bec-d'Allier.* — M. l'ingénieur en chef de la Nièvre annonce que la route est

____

(1) *Lisez* : le 30 octobre. *Voy.* note treizième, pag. 86.

ouverte de Nevers au Bec-d'Allier, mais qu'il en coûterait
120,000 fr. pour la terminer sur la longueur de 7,800 mètres;
elle est entièrement à faire du Bec-d'Allier à Nérondes, moins
un petit empierrement qui se trouve à la sortie de la Guierche,
et qui mérite à peine d'être signalé.

Direction par Givry. — Une route départementale, allant de
Nevers à la Loire devant Givry, est terminée; elle ferait partie
de la route royale n° 76, si cette direction est approuvée.

La confection de cette route de Givry à Nérondes est estimée cinq francs le mètre courant tout compris, moins la valeur des terrains.

10° *Ponts à construire.* — En somme, on peut dire que la
dépense serait égale de part et d'autre.

Pont sur la Loire. — Le passage de la route à travers la
Loire est la partie la plus importante du projet dont il s'agit.

La construction d'un pont est indispensable.

La largeur de la rivière est de 720 mètres au Bec-d'Allier;
elle est de 516 mètres à Givry : ce qui donne une différence de
200 mètres.

L'économie, la promptitude de l'exécution, la facilité de se
procurer des fers du Berry et de les faire fabriquer au bel
établissement de Fourchambault, doivent engager à adopter
un pont suspendu plutôt qu'un pont fixe.

11° *Droits acquis.* — Les propriétaires de la vallée de Germigny font valoir ces considérations, et affirment que les propriétés vendues depuis vingt ans, l'ont été en raison de ce
qu'elles devaient être desservies par la route royale n° 76, et
que leur prix a été plus élevé que si la route n'avait pas été
décrétée.

12° *Estimation de la dépense en passant par la Guierche.* —
De Nevers au Bec-d'Allier, l'achèvement de la route sur la
route de la Loire, dans une longueur de 7,300 mètres, est es-
timé par M. Mossé, ingénieur en chef de la Nièvre. 120,000 f.

Pont suspendu sur la Loire au Bec-
d'Allier. . . . . 500,000 f.

A reporter. . . . . 500,000 f.   120,000 f.

Report . . . . 500,000 f. 120,000 f.

Entretien annuel de ce pont, 1,000 fr.

Capital. 20,000

Suppression du bac au Bec-d'Allier. — Ce bac est annuellement affermé 2,010 fr. ; mais le fermier a demandé et a obtenu résiliation, parce que la facilité de passer au pont-canal lui fait beaucoup de tort. Lorsque les travaux de ce pont seront terminés, on pourra y interdire le passage ; cependant le prix des fermes de ce bac et de celui de Givry ne sont pas des indicateurs exacts de l'affluence des passagers, parce qu'il y a une grande concurrence à l'adjudication du bac du Bec-d'Allier, qui se trouve devant le village de ce nom, peuplé de mariniers, tandis que la concurrence est presque nulle pour le bac de Givry, où il n'y a guère qu'une maison dont le batelier du bac est propriétaire. Par ces considérations, je supposerai la ferme des deux bacs au même prix, c'est-à-dire 900 fr., qui est celui du bac de Givry.

La suppression du bac fera perdre à l'État ce revenu qui représente un capital de. 18,000

Total. . . . 538,000

A déduire le péage capitalisé des ponts. La ferme de 2,010 fr. annonce un revenu brut de 4,000 fr. On peut en conclure que si les routes étaient

A reporter . . . . . 538,000 f. 120,000 f.

Report......... 538,000 f. 120,000 f.

faites, le passage sur le pont rapporterait net au moins 10,000 fr., qui représente un capital de. 200,000

Ainsi la construction du pont doit
être estimée. 338,000   338,000

Confection de la route, 20,615 mètres à 5 fr.,
comme il est dit ci-dessus. 103,075

Elargissement de la levée de la Guierche, et ré-
paration des ponts dont elle est percée. 20,000

Le pont sur le canal de Berry sera payé par le
canal.

Trois ponceaux...................... 6,000

Le pont sur le canal latéral de la Loire est exécuté et peut servir tel qu'il est, sauf à l'élargir
par la suite.

*Acquisition des terrains entre le Bec-d'Allier et
Nérondes.*

Du Bec-d'Allier à la Guierche :

Longueur. . . 9,100 }
Largeur. . . .   15 } 1,365 m.

à 800 fr., compris frais d'expertise
et de purge. .... 10,920 f.

De la Guierche à Nérondes :

Longueur. . . 11,500 }
Largeur. . . .   15 } 1,725 m.

à 1,200 fr. compris *idem*. 21,620

32,620 f.   32,620

De cette sommme il faut déduire :

1° La valeur des terrains qui seront donnés
gratuitement par les propriétaires, ci. : . . . . . }
2° Les sommes en argent qu'ils donneront.. }
Ainsi l'estimation des dépenses se réduit à....

619,695 f.

13° *Estimation de la dépense en passant par Givry.* — De Nevers à la Loire devant Givry, il existe une route départementale que l'on annonce entièrement finie, et pour laquelle il n'y a conséquemment rien à dépenser.

Sa direction sera à changer dans la longueur de 300 mèt. aux abords de la rivière; 300 mèt. à 5 fr...............	»	»	1,500 f.
Pont suspendu sur la Loire.........	450,000		
Entretien annuel du pont 1,000 fr. Capital (1)......................	20,000		
Suppression du bac (comme au Bec–d'Allier)......................	18,000		
Total......	488,000		
A déduire le péage capitalisé, comme au Bec-d'Allier..................	200,000		
Reste pour l'estimation du pont......	288,000	288,000	
Confection de la route de Givry à Nérondes, 18,503 mètres à 5 fr. comme ci-dessus......................		92,515	
Vallée de l'Aubois. Il sera nécessaire de construire dans la traversée de la vallée de l'Aubois un pont et une levée qui sont estimés..............	»	»	20,000
Le pont sur le canal de Berry sera payé par le canal.................	»	»	» »
Le pont sur le canal latéral à la Loire est exécuté et peut servir tel qu'il est, sauf à l'élargir par la suite.......	»	»	» »
A reporter......			402,015 f.

---

(1) L'entretien capitalisé d'un pont de 500,000 francs au Bec-d'Allier n'excède pas, suivant M. Egault (pag. 94), 20,000 fr., c'est-à-dire la proportion de $\frac{1}{25}$. Il s'ensuivrait que l'entretien capitalisé d'un pont de 450,000 fr. à Givry ne devrait pas excéder 18,000 fr.

Report...... 402,015 f.

Acquisition des terrains : 1° sur la droite de la Loire (1).

Longueur...... 300^m

2° de Givry à Né-rondes........... 18,503

Longueur totale $\overline{18,803^m}$ }28,200^m
Largeur...... 15 }

A 800 fr. l'hectare.............. 22,560 f.   22,560

Total........ 424,575 f.

De cette somme il faut déduire :

1° La valeur des terrains qui seront donnés gratuitement par les proprié-taires, ci.....................

2° Les sommes en argent qu'ils don-neront, ci...................

Ainsi l'estimation des dépenses se réduit à.....

Résumé. — Estimation de la dépense, y compris les ponts sur la Loire, sauf la déduction des terrains à fournir de part et d'autre :

En passant par la Guierche.............. 619,695 fr.
En passant par Givry.................. 424,575

Différence en faveur de Givry...... 195,120 fr.

Conclusion. — On peut faire valoir en faveur de la direction par le Gravier :

Que depuis long-temps elle est déterminée par un décret; que les propriétés vendues depuis lors dans les cantons qu'elle traverse l'ont été nécessairement en raison des avantages que la route devait lui procurer; que la petite ville de la Guierche, chef-lieu de canton, en éprouverait un grand bien-être; enfin que les plans en sont faits, et ont été soumis aux formalités voulues par la loi du 8 mars 1810.

____

(1) B. Boigues, seul propriétaire de ces terrains, les aurait livrés gra-tuitement.

7

En faveur de la direction par Givry, on peut dire qu'elle est plus courte que l'autre de 1800 mètres ; que la dépense qu'elle occasione serait moindre que par le Gravier de 195,120 fr.

Cependant, si M. le comte Jaubert ne reproduit pas ses propositions, et si les intéressés à la route par la Guierche offrent leurs terrains pour rien, *et de l'argent pour l'exécuter*, il y aura justice à ne pas changer sa direction.

Les considérations qui précèdent me paraissent de nature à fixer l'attention de la commission qui sera instituée pour l'enquête prescrite par l'ordonnance royale, en date du 28 février 1832.

L'ingénieur en chef du Cher.   *Signé* EGAULT.

NOTE QUINZIÈME.

Observations de M. le Préfet du Cher.

27 novembre 1832.

M. le Préfet passe en revue toutes les parties du rapport de M. Egault, et il ajoute :

Il résulte des considérations qui précèdent :

D'abord, en faveur de la direction par la Guierche :

1° Des droits acquis par le décret du 16 décembre 1811 ;

2° Une population agglomérée plus importante, et surtout le passage par la Guierche, chef-lieu de canton ;

3° Des produits agricoles incontestablement supérieurs à ceux par Givry ;

4° La certitude que tous les terrains seront concédés gratuitement à l'État ;

5° Enfin, les délibérations confirmatives des conseils municipaux de Bourges, la Guierche et Cuffy ;

En faveur de Givry :

1° Une plus courte distance d'environ 2,000 mètres, si les chiffres de M. l'ingénieur en chef sont exacts ;

2° La proximité du marché de Jouet, dont l'importance

s'accroîtrait singulièrement par l'ouverture de cette communication ;

3° Une prospérité industrielle qu'il importe essentiellement de favoriser ;

4° La presque certitude que M. le comte Jaubert s'engagerait de nouveau à assurer la cession gratuite de tous les terrains ;

5° L'assurance que le pont à Givry serait plus facilement soumissionné, et dès-lors plus promptement établi qu'au Bec-d'Allier ;

6° Enfin une économie d'au moins 200,000 fr. dans la dépense totale. »

Le Préfet du Cher,   *Signé* comte DE LAPPARENT.

Quant aux conclusions, M. le Préfet n'en prend aucune, et reste neutre entre les deux projets.

NOTE SEIZIÈME.

*Extrait de l'avis du conseil général des ponts-et-chaussées,
en date du 15 janvier 1833.*

Le conseil-général des ponts-et-chaussées

Reconnaît que les deux directions proposées pour la communication entre Nevers et Nérondes présentent l'une et l'autre beaucoup d'utilité. Toutefois il faut observer que cette communication ne paraît pas d'un assez haut intérêt pour être desservie par deux routes royales, dont l'une ne serait que succursale de l'autre. Ce double emploi paraît d'autant moins admissible, qu'il existe déjà un grand nombre de routes classées dans cette catégorie, à l'entretien et à l'amélioration desquelles l'administration ne peut subvenir.

Le conseil est donc d'avis

Qu'une des deux directions indiquées soit classée comme route royale, et, en égard aux droits acquis résultant du décret du 16 décembre 1811, il propose de maintenir, pour la route royale n° 76, la direction par le Bec-d'Allier et la Guierche, sauf aux départemens intéressés à provoquer le classement comme route départementale de l'embranchement traversant la Loire à Givry.

A l'égard du choix à faire entre les deux tracés qui suivraient, l'un la rive droite, l'autre la rive gauche entre Nevers et le Bec-d'Allier,

Le conseil,

Considérant que la solution de cette question se trouve liée à celle de l'établissement d'un pont sur l'une ou l'autre des deux rivières, et ne se trouvant plus en nombre suffisant,

Est d'avis d'ajourner cette délibération.

(Copié à la direction-générale des ponts-et-chaussées et des mines.)

NOTE DIX-SEPTIÈME.

Analyse de la délibération du conseil des ponts-et-chaussées, en date du 5 février 1833.

Le système du bac sur le pont-canal avait été proposé par M. Vauvilliers, et combattu avec avantage par M. Jullien dans un mémoire du 23 décembre 1831.

Le système de rails en fer sur les trottoirs de halage n'est pas praticable. L'un et l'autre sont écartés.

Un pont-route doit être préféré.

Le conseil est donc ramené à l'examen des divers articles du rapport de M. Cormier, en date du 1ᵉʳ juillet 1831.

1° Le pont-route serait-il construit sur l'arrière du pont-canal dont la tête d'aval mettra ainsi le pont-route à couvert du choc des débâcles?

Cette question est résolue affirmativement à l'unanimité.

2° Le pont-route sera-t-il isolé de la maçonnerie du pont-canal ?

Réponse affirmative par deux motifs : l'un, admis à l'unanimité, est l'impossibilité de relier le nouveau monument à l'ancien ; l'autre, admis à huit voix contre trois, tiré du danger des ébranlemens.

3° M. Cormier avait conseillé, par mesure de précaution,

d'élever jusqu'à 0^m50 au-dessus des basses eaux les points d'appui sur lesquels un pont-route pourrait être ultérieurement construit.

Il n'y a pas encore lieu à s'occuper de cet objet.

4° Les questions des dépenses du pont, de péage, etc., sont ajournées.

5° Le système d'un pont en maçonnerie est écarté à huit voix contre trois.

Quant à celui d'un pont en charpente avec piles en pierres, et à tous autres, le conseil décide que M. Jullien sera préalablement entendu.

(Copié à la direction-générale des ponts-et-chaussées et des mines.)

NOTE DIX-HUITIÈME.

Extrait du procès-verbal du conseil-général des ponts-et-chaussées, en date du 12 février 1833.

OPINION DE M. JULLIEN.

Un arrière-radier paraît indispensable pour empêcher les affouillemens que les eaux produiraient à l'aval du pont, si, immédiatement après leur passage sous les arches, elles venaient à tomber sur les sables de l'Allier. Ces affouillemens une fois produits, il serait à craindre que les sables sur lesquels repose le radier du pont ne suivissent le même mouvement, et ne laissassent ainsi sur quelque point le radier en porte à faux; ce qui amènerait tôt ou tard sa ruine, et, par suite, la chute de l'édifice. A l'appui de cette opinion, on peut citer l'autorité de Régemortes, qui, au pont de Moulins, a donné 24 pieds de largeur à son arrière-radier.

De là, nécessité de conserver libre, si ce n'est la totalité, au moins une grande partie de l'arrière-radier sur la tête d'aval des piles du pont-aquéduc.

Un pont en pierre aurait 18 travées comme le pont-aquéduc; à double voie, il occuperait 7 mètres au moins de l'arrière radier : un pont en pierre à simple voie serait bien étroit pour une longueur de 342 mètres, et réduirait tout l'arrière-radier à 3 mètres : ce mode présente encore trop de chances de ruines.

Un pont en charpente aurait nécessairement dix-huit travées aussi, mais il offrirait un plus grand débouché aux eaux. Cependant il y aurait lieu encore à concevoir des inquiétudes.

Au contraire, en réduisant le nombre des piles à 9, le danger des affouillemens se trouve bien diminué, surtout si l'on soin d'établir et d'entretenir convenablement les enrochemens à l'aval de ces neuf piles.

La question du débouché ainsi résolue, il faut passer à l'étude du projet d'un pont suspendu.

Ici l'épaisseur des piles qui doivent porter les tabliers et recevoir les points d'attache des chaînes est invariablement fixée. On ne peut donner aux piles toute l'épaisseur nécessaire pour assurer leur stabilité et les mettre à même de résister aux efforts de traction qui agissent sur elles, et tendent à leur renversement.

Or, le calcul aussi bien que l'expérience prouvent que l'épaisseur que dans la localité en question il est permis de donner aux piles, est insuffisante pour résister aux épreuves de réception, et qu'il devenait dès-lors impossible d'attacher les chaînes d'un pont suspendu à des piles situées dans le prolongement de celles du pont-aquéduc.

Il fallut alors recourir à un système particulier, et c'est ce que fit M. Jullien en proposant d'attacher les chaînes aux extrémités du tablier, et de rendre ce tablier assez rigide pour résister aux deux pressions horizontales qui agissent à ses deux bouts en sens contraire l'une de l'autre, et se font équilibre.

Il composa ainsi de véritables poutres armées, qui ne font que poser sur les piles, sans exercer aucun effort tendant à produire le renversement.

Le système exécuté en grand a été soumis à des épreuves qui ont réussi.

Mais **M.** Jullien n'en reconnaît pas moins que ce système a le grave inconvénient d'être en définitive un système de charpente soumis à de fortes pressions et à des mouvemens qui doivent finir par altérer les bois et par exiger des réparations coûteuses, difficiles et gênantes pour la circulation.

Il finit par avouer que, même dans son opinion, il y a quelque chose de fâcheux à accoler un pont en charpente à une construction aussi monumentale que celle du pont-aquéduc du Guettin.

(Copié à la direction-générale des ponts-et-chaussées et des mines.)

Nota. *Voy.* dans le mémoire placé au commencement du présent écrit, le texte de la délibération du conseil-général des ponts-et-chaussées, pages 11 et 12.

NOTE DIX-NEUVIÈME.

Extrait d'un rapport de M. Mossé, en date du 4 mars 1833.

Trajet du pont de Nevers jusqu'à la levée....   250 mèt.
Longueur de la levée....................   1,000
Entre l'extrémité de la levée de Sermoise et le
pont-aquéduc............................... 6,577

           Total................. 7,827 mèt.

NOTE VINGTIÈME.

Engagement déposé à la direction-générale des ponts-et-chaussées.

Les soussignés, MM. Boin-Bussy, Lehard, Ballard, Dumond, de Beaudreuille, Tourangin, Louis Massé, Boin, Gary, Tachard, Ernest de Monsaulnin, Félix de Berthet, Massé-Beaudreuille, Bureau, Boulaynet, Jobimot, Tribaux, Baudon, Marin, Sauvard, Daguin, Philippe, Damboise, Besançon-Ravard, Guillot, Massé-Guillemain, M. Massé, Bonnichon, Massé-Barrin, Boissauté, Ligodau, Fournier, Deprais,

Sont convenus de ce qui suit :

Pour assurer au gouvernement autant de garanties qu'en présente M. le comte Jaubert pour l'établissement de la route royale n° 76, qu'il désire faire passer par Givry, et qu'il est de toute justice et même de l'intérêt général de faire passer à la Guierche et au Bec-d'Allier, ainsi d'ailleurs qu'elle a été tracée sur tous les plans faits jusqu'ici, s'obligent solidairement à payer et fournir au gouvernement, pour la confection de la partie de cette route allant du Bec-d'Allier à Nérondes, la somme de *seize mille francs*; et, de plus, ils s'obligent aussi solidairement à livrer au gouvernement, sans rétribution, tout le terrain nécessaire à la confection de ladite route du Bec-d'Allier à Nérondes, en passant par la Guierche.

Pour les engagemens par eux ci-dessus contractés, tous les comparans forment entre eux une association dans laquelle chacun entrera pour une somme proportionnée à la souscription relativement à l'établissement de ladite route (1).

En conséquence, ils arrêtent ce qui suit :

Tous les terrains sur lesquels devra passer la route seront acquis par la société moyennant une somme qui sera fixée contradictoirement entre elle et les propriétaires, ou, en cas de dissentiment, par des experts qui seront choisis de chaque part.

Le prix total de ces acquisitions, quel qu'il soit, sera prélevé sur le montant général des souscriptions; et si, le prélèvement fait, il ne reste pas sur lesdites souscriptions la somme de seize mille francs ci-dessus promise au gouvernement, le déficit sera supporté au marc le franc par les sociétaires, et chacun en proportion du montant de sa souscription.

Pour éviter la réunion de tous les associés chaque fois qu'il sera nécessaire d'acquérir les portions de terrain dont il est ci-dessus question, tous les associés nomment pour leurs mandataires généraux et spéciaux MM. Bonnichon de Château-Renaud, Ernest de Monsaulnin, Tachard et Massé (Louis);

Auxquels ils donnent les pouvoirs d'acquérir, aux prix qu'ils

---

(1) On ne dit pas quel est le montant total de cette souscription.

fixeront contradictoirement avec les propriétaires, ou qui seront déterminés par des experts choisis de chaque part, les portions de terrain nécessaires à la confection de la route dont il
est ici question, allant du Bec-d'Allier à Nérondes ; nommer
tous experts et fixer tous paiemens.

Au moyen de l'engagement par eux ci-dessus contracté envers le gouvernement, les sociétaires se réservent de se faire
subroger à ses droits (1), c'est-à-dire, d'être mis à même d'exiger
des propriétaires du terrain sur lequel devra passer ladite route
en question, de Nérondes au Bec-d'Allier, d'en faire la cession
moyennant une somme qui serait déterminée par des experts et
payée par eux sociétaires, ainsi qu'ils s'y sont ci-dessus obligés.

Il est bien entendu que tous les engagemens ci-dessus contractés par les sociétaires seront sans effet et considérés
comme nuls, si la route ne passe pas par la Guierche et le
Bec-d'Allier.

(Suivent les signatures.)

Pour copie conforme à la minute déposée à la mairie de la
Guierche.

La Guierche, 1er mai 1832.

Signé BOYN-BUSSY.

Observation essentielle. — Il n'est fait dans cet engagement
aucune mention du pont. Cependant la question du pont est
intimement liée à celle de la route; aussi M. Jaubert les a-t-il
toujours traitées concurremment.

Si les signataires de l'engagement ont réellement l'intention
d'assurer, comme ils le disent, *au gouvernement autant de ga-*
ranties qu'en présente M. Jaubert, ils s'entendront sans doute
pour soumissionner le pont du Guettin, comme il aurait, de
concert avec ses voisins, soumissionné le pont de Givry.
(*Voy.* note quatrième.)

---

(1) Il y a ici une erreur : le gouvernement ne transporterait point aux
associés, qui ne sont pas concessionnaires de la route, le droit que seul
il peut exercer, de poursuivre les propriétaires récalcitrans; les associés
sont seulement, par le fait de leur engagement, garans envers l'État des
indemnités à payer, *quelle que soit la somme à laquelle pourront s'élever*
les indemnités.

NOTE VINGT-UNIÈME.

Le langage du Ministre, sur la possibilité d'établir le pont-
route sur l'arrière-radier du pont-aquéduc, est loin encore
d'être aussi positif qu'on pourrait le désirer. Espérons que
le nouveau travail de M. Jullien achèvera de dissiper toutes les
incertitudes.

NOTE VINGT-DEUXIÈME.

L'administration, dit le Ministre, n'est pas encore en mesure
d'entreprendre la construction de la route dans le département du Cher. Il en est de même pour la Nièvre; aucune allocation de fonds n'y a été faite, malgré les réclamations des Députés de ce département.

NOTE VINGT-TROISIÈME.

Les plaintes du Ministre sur l'insuffisance des fonds mis
à sa disposition par le budget pour la construction et l'entretien des routes royales, sont bien fondées : les services
éminemment productifs, comme ceux des ponts-et-chaussées
et de l'instruction primaire, sont encore dotés avec une par-
cimonie vraiment déplorable. Mais il faut le dire, en présence
des charges énormes qu'impose aux contribuables la nécessité
de pourvoir avant tout à la défense de la patrie, il n'était guère
possible aux Chambres d'accorder à ces deux services des
allocations plus considérables. Il en sera autrement, sans
doute, lorsque l'affermissement de la paix intérieure et exté-
rieure nous aura permis de réduire les dépenses de l'armée.

NOTE VINGT-QUATRIÈME.

L'étude nouvelle dont le Ministre attend le résultat est celle à laquelle M. Jullien se livre actuellement; il en est fait mention dans la lettre de M. Jaubert au Ministre, page 16.

NOTE VINGT-CINQUIÈME.

Il faut bien remarquer que la subvention de 40,000 francs promise par le Ministre ne sera fournie qu'autant qu'il y aura adjudication.

Les personnes qui ont combattu avec tant de vivacité le projet de M. Jaubert n'ont pas cessé d'annoncer qu'une compagnie se formerait avec une extrême facilité pour soumissionner le pont. Elles ne sauraient donc trop se hâter aujourd'hui de réaliser cette promesse.

Si, au jour de l'adjudication, personne ne se présente pour soumissionner le pont, il sera bien démontré sans doute, pour tout le monde, que l'opposition formée contre le projet de M. Jaubert a été une véritable calamité pour les deux départemens du Cher et de la Nièvre.

TABLE DES MATIÈRES.

ROUTE ROYALE, N° 76.

PORTION COMPRISE ENTRE NÉRONDES ET NEVERS. (*Chiffres officiels.*)

DISTANCE PAR LA GUIERCHE

ET LA RIVE GAUCHE DE LA LOIRE.

De Nérondas au Guettin.

Comme ci-contre, *tout au moins* .... 20,615 m.

Traversée de l'Allier.
Débouché du pont-aquéduc (M. Jullien, *voy.* pag. 101).... 342 m.
Culées, levées en rivière (plans déposés aux Ponts-et-
chaussées), environ .... 158 } 500

Du pont-aquéduc à Nevers (M. Mossé, *voy.* pag. 103)............. 7,827

Total.......... 28,942

ET LA RIVE DROITE DE LA LOIRE.

De Nérondes à la digue du Bec-d'Allier
(M. Egault, *voy.* pag. 89)............ 20,615 m.

Traversée de la Loire (M. Egault, *v.* p. 88). 720
Du port à Nevers, 7,550 m. ou 7,055, suivant
le point d'arrivée dans la ville (M. Mossé,
voy. p. 82, et M. Egault, p. 88), longueur
moyenne 7,300

Total...... 28,635

DISTANCE PAR GIVRY.

De Nérondes à Givry (*voy.* p. 89, note).. 18,503 m

Traversée de la Loire (M. Egault, *v.* p. 89). 515

Du port à Nevers (M. Mossé, *voy.* pag. 83),
route achevée 7,800

Total...... 26,819

PONT (A DOUBLE VOIE) ET ROUTE, SAUF DÉDUCTION DU PRIX DES TERRAINS.

DÉPENSE PAR LA GUIERCHE

ET LA RIVE GAUCHE DE LA LOIRE.

Pont.

Le projet de M. Jullien, en chaînes de fer et en charpente, qui n'a pas été adopté, aurait coûté 440,000 fr. (*voy.* pag. 30). Le nouveau projet qu'il prépare ne pouvant plus être, d'après l'exclusion prononcée contre tous les autres systèmes de construction (*voy.* pag. 11, 12, 100, 101, 102), que celui d'un pont fixe entièrement composé (sauf les piles) de fer ou de fonte, comme le pont d'Austerlitz à Paris, la dépense ne saurait être inférieure à l'estimation originaire de 540,000 fr. dont les conseils-généraux du Cher et de la Nièvre avaient voté chacun un tiers en 1827 (*voy.* pag. 33), ci...... 540,000 fr.

A quoi il faut ajouter, comme aux pages 94 et 96 :
1° Le capital de l'entretien annuel, dans la proportion
de 1/25 21,600
2° Le capital du revenu du bac au Bec-d'Allier, ce
bac devant être nécessairement supprimé....... 18,000

Total... 579,600

Mais il faut déduire, comme aux pages 94, 95 et 96,
le péage capitalisé du pont.................. 200,000

Reste... 379,600 ci 379,600 fr.

Route de Nevers au Guettin. (En utilisant portion de la levée, *voy.* pag. 103.)
Estimation de M. Baumal, ingénieur ordinaire (rapport du 15 avril
1832, où la valeur des terrains n'est portée qu'à la somme de 6,000 f.) 90,000

Route du Guettin à Nérondes.
Comme du Bec-d'Allier (M. Egault, *voy.* pag. 95.)
Confection...................... 103,075 fr.
Traversée de la vallée de l'Aubois............... 20,000
Ponceaux...................... 6,000 } 161,695
Terrains 32,620

Total.......... 634,295 fr.

DÉPENSE PAR LA GUIERCHE

ET LA RIVE DROITE DE LA LOIRE.

(MM. Egault et Mossé, *voy.* p. 93, 94 et 95.)

Pont.................... 500,000 f.
Entretien capitalisé........ 20,000
Revenu capitalisé du bac sup-
primé.................. 18,000

Total... 538,000

A déduire le péage capitalisé
du pont.............. 200,000

Reste..... 338,000 ci 338,000 f.

Route de Nevers au Bec-d'Allier........ 120,000

Route du Bec-d'Allier à Nérondes, comme
ci-contre. 161,695

Total. ... 619,695 fr.

DÉPENSE PAR GIVRY.

(MM. Egault et Mossé, *voy.* p. 96 et 97.)

Pont. .... 450,000 f.
Entretien capitalisé. 20,000
Revenu capitalisé du bac sup-
primé. 18,000

Total. ... 488,000

A déduire le péage capitalisé
du pont. 200,000

Reste. ... 288,000 ci 288,000 f.

Changement de direction de la route départementale, n° 10, aux abords de la
rivière. 1,500

Route de Givry à Nérondes.
Confection. .... 92,515 f.
Traversée de la vallée de l'Au-
bois. .... 20,000 } 135,075
Terrains. 22,560

Total. ... 424,575 fr.

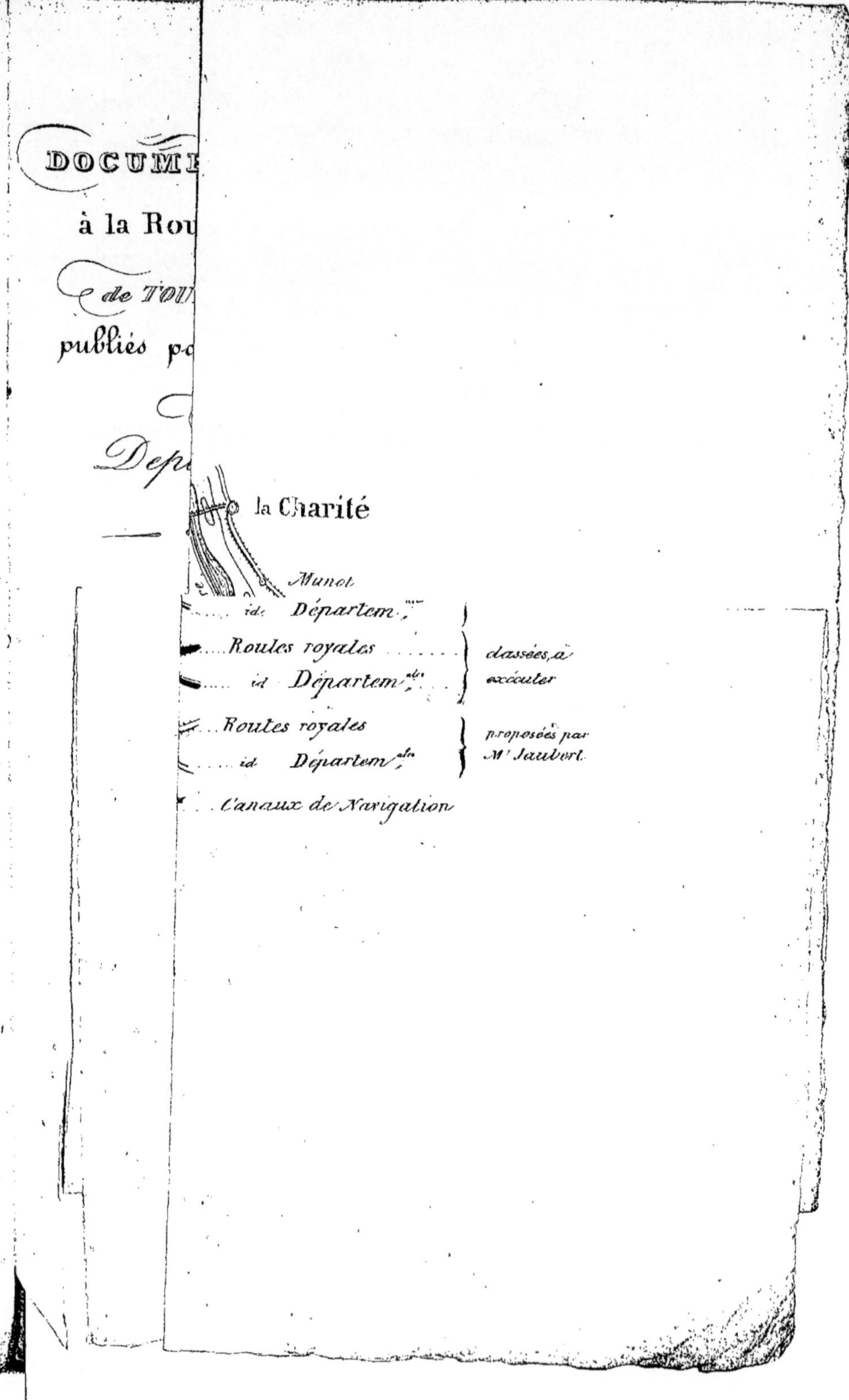

DOCUM
à la Rou
de TOU
publiés p
Dép
la Charité
Munot
id. Départem.
Routes royales
id Départem.
Routes royales
id Départem.
Canaux de Navigation
classées, à exécuter
proposées par
M. Jaubert

DOCUMENTS RELATIFS
à la Route Royale N° 76
de TOURS à NEVERS
publiés par M. le Comte
Jaubert
Député du Cher.
Avril 1833.

la Charité
Sancergues
Munot
S.te Loyes
Prey
Bellen
Gimouille
Guarigny
Pougues
DÉP.t DE L.A
Baugy
Germiny
Guerchisy
Villequiers
S.t Germain
Fourchambault
BOURGES
S.t Hilaire
Sigret
Courslay
Bierro
NEVERS
Route
Le Lieu
Ballray
Route
N° 76
Tortoron
Nérondes
la Chantau
Cessy
Caffy
Guierche
Nièvre
Canal
Savigny
Avord
Denizy
Flavigny
Ignol
Gimouille
Levet
les Bourdelin
Crossy
Germigny
Apremont
Aubigny
Magny
Blet
Charly
Veraux
la Chapelle
Jusgent
Dun le Roi
Sagonne
N° 3
Sancoins
Mornay
Thaumiers
Augy
St Pierre le Moutier
Meillant
Bannegon
Rhimbé
Le Veurdre
S.t AMAND
Canal
Bessais
Charenton
Royale
DÉP.t DE
L' ALLIER

5000   10,000   20,000 Mètres
1 2 3 4 5 6 7 8 9 10,000 Toises

Signes conventionnels.

Routes royales
id. Départem.tales   } existantes
Routes royales
id. Départem.tales   } dessinées à exécuter
Routes royales
id. Départem.tales   } proposées par M. Jaubert
Canaux de Navigation